全国机械行业职业教育优质规划教材（高职高专）

经全国机械职业教育教学指导委员会审定

高等职业教育智能制造领域人才培养规划教材

工业机器人技术专业

机械工业出版社精品教材

工业机器人技术基础

第2版

主　编　刘小波

副主编　赵海峰

参　编　隋　欣　杨　帅　刘　杰

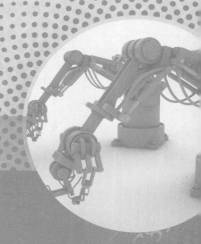

机械工业出版社

CHINA MACHINE PRESS

本书为全国机械行业职业教育优质规划教材（高职高专），经全国机械职业教育教学指导委员会审定。本书系统地介绍了工业机器人的基本组成、数学基础、驱动和控制系统的组成等内容。全书共7章：第1章介绍了工业机器人的发展历史、机器人的组成与分类以及机器人的典型应用；第2章主要介绍了工业机器人的数学理论基础；第3章介绍了工业机器人的常见机械系统，对其机座、臂部、腕部、末端执行器及传动机构均做了比较详细的介绍；第4章主要从交流伺服、直流伺服、液压驱动三个方面介绍了工业机器人的动力系统；第5章介绍了工业机器人的感知系统；第6章介绍了工业机器人的控制系统；第7章介绍了工业机器人的编程与调试。本书每章最后都设计了思考练习题，便于学生加深对相关知识的理解。

本书既可作为高等职业院校工业机器人技术、机电一体化技术等自动化类专业和机械制造及自动化等相关专业的教材，也可供工业机器人领域的教师、研究人员和工程技术人员阅读参考。

本书配有丰富的资源包，包括教学PPT、授课教案、授课计划、习题解答、录课视频（可扫描书中二维码观看）、微课（详见https://mooc1-1.chaoxing.com/course/203725994.html）和模拟试卷。凡使用本书作为教材的教师可登录机械工业出版社教育服务网www.cmpedu.com注册后下载。咨询电话：010-88379375。

图书在版编目（CIP）数据

工业机器人技术基础 / 刘小波主编 . —2 版 . —北京：机械工业出版社，2019.9（2024.8 重印）

全国机械行业职业教育优质规划教材 . 高职高专　经全国机械职业教育教学指导委员会审定　高等职业教育智能制造领域人才培养系列教材 . 工业机器人技术专业

ISBN 978-7-111-63883-4

Ⅰ . ①工…　Ⅱ . ①刘…　Ⅲ . ①工业机器人—高等职业教育—教材　Ⅳ . ① TP242.2

中国版本图书馆 CIP 数据核字（2019）第 214523 号

机械工业出版社（北京市百万庄大街 22 号　邮政编码 100037）
策划编辑：薛　礼　责任编辑：薛　礼
责任校对：张　薇　封面设计：鞠　杨
责任印制：郜　敏
河北鑫兆源印刷有限公司印刷
2024 年 8 月第 2 版第 16 次印刷
184mm×260mm · 11.25 印张 · 268 千字
标准书号：ISBN 978-7-111-63883-4
定价：37.00 元

电话服务　　　　　　　　网络服务
客服电话：010-88361066　机 工 官 网　www.cmpbook.com
　　　　　010-88379833　机 工 官 博　weibo.com/cmp1952
　　　　　010-68326294　金 书 网　www.golden-book.com
封底无防伪标均为盗版　机工教育服务网：www.cmpedu.com

第2版 前言 PREFACE

党的二十大报告指出：教育、科技、人才是全面建设社会主义现代化国家的基础性、战略性支撑；统筹职业教育、高等教育、继续教育协同创新，推进职普融通、产教融合、科教融汇，优化职业教育类型定位。当前，科教兴国战略已经成为国家战略的重要组成部分。修订本书旨在贯彻落实国家科教兴国战略，推动工业机器人技术的应用和创新，为我国现代化建设提供有力的人才支撑和技术支持。

本书初版是根据全国机械职业教育教学指导委员会于2015年在上海组织召开的"职业院校工业机器人技术专业建设研讨会"的指导思想编写的。随着高等职业教育得到了迅猛的发展，科技的进步以及企业人才需求的增加，出现了新的变化：专业扩招，导致生源质量有所下降；机器人产品型号多、更新快，导致教师教学难度加大。为适应新的教学形势，编者对本书进行了修订。

本书第2版仍以工业机器人技术的基础性、实用性和共用性作为主线，突出工业机器人技术的基本共性理论，加强对工业机器人技术操作技能的培养，新增工业机器人技术关键知识点的微课资源，以提高学生对工业机器人技术的基本理论、总体结构、机械传动、控制单元的认知，要求学生掌握一定的工业机器人的现场编程与离线编程的方法、步骤与调试策略。微课资源的加入使学生们不再"闭门造车"，而是对典型工业机器人有更进一步的了解，使其对本课程的学习更有积极性。

本书第2版的特点如下：

1）教学目标清楚、明确，内容选取和编排紧紧围绕教学目标展开。

2）新增微课资源，遵循"教、学、做"一体化的教学要求，理论知识讲解透彻，实践操作选取典型。

3）内容编排由浅入深，双色印刷，插图精美丰富，文图搭配得当，呈现形式新颖。教师容易实施教学，学生入门快。

4）立体化配套资源丰富，包括教学PPT、授课教案、授课计划、习题解答、录课视频（可扫描书中二维码观看）、微课（详见https://mooc1-1.chaoxing.com/course/203725994.html）和模拟试卷等。

　　本书在编写过程中参阅了同行专家学者、机器人研制及应用单位的相关资料和文献，在此向文献作者致以诚挚的谢意。由于编者水平有限，书中难免存在遗漏和不妥之处，敬请广大读者指正。

　　本书初版被评为机械工业出版社精品教材，这与机械工业出版社编辑们的大力支持是分不开的，在此全体编者向相关编辑致谢！也希望今后在出版社的支持下出版更多教师和学生都满意的教材，为我国机械技术人才的培养多做贡献。

编者

第1版 前言 PREFACE

　　本书是根据全国机械职业教育教学指导委员会于2015年6月在上海召开的"职业院校工业机器人技术专业建设研讨会"的指导思想编写的，力图使高职高专工业机器人技术、机电一体化技术等自动化类专业和机械制造及自动化等相关专业的学生在学完工业机器人技术基础课程后，能获得生产一线操作人员所必须掌握的工业机器人技术应用的基本知识和基本技能。

　　机器人技术应用岗位目前已经成为众多行业，特别是汽车制造、电子制造、半导体工业、精密仪器仪表、制药等行业最关键和最核心的工作岗位之一。2015年国务院发布的《中国制造2025》规划明确提出，在实现制造强国战略目标的"三步走"战略的第一个十年里，要着力突破工业机器人等重点领域核心关键技术，推进产业化。因此，工业机器人技术应用人才的培养是我国职业院校的重要任务之一。

　　本书是以工业机器人技术的基础性、实用性、共用性为主线编写的，全书共七章，介绍了工业机器人的基本概念和数学理论基础，并对工业机器人的机械系统、动力系统、感知系统、控制系统以及编程与调试等内容做了深入的阐述。

　　参加本书编写的有南京信息职业技术学院赵海峰（第1章、第7章），重庆电子工程职业学院刘小波（第2章、第5章），长春职业技术学院隋欣（第3章），淮安信息职业技术学院杨帅（第4章），武汉船舶职业技术学院刘杰（第6章）。本书由刘小波担任主编并负责全书统稿工作。

　　作者在编写本书过程中参阅了同行专家学者、机器人研制及使用单位和一些院校的教材、资料和文献，在此向作者致以诚挚的谢意。由于编者水平有限，在内容选择和安排上难免会存在遗漏和不妥之处，敬请广大读者指正。

编者

目录 CONTENTS

第1章
CHAPTER 1

工业机器人概论

随着科学技术的进步，人类的体力劳动已逐渐被各种机械所取代。工业机器人作为第三次工业革命的重要切入点，即将改变现有工业生产的模式，提升工业生产的效率。

工业机器人是一门多学科交叉的综合学科，涉及机械、电子、运动控制、传感检测、计算机技术等，它不是现有机械、电子技术的简单组合，而是这些技术有机融合的一体化装置。

目前，工业机器人技术的应用非常广泛，上至宇宙开发，下到海洋探索，各行各业都离不开机器人的开发和应用。工业机器人的应用程度是衡量一个国家工业自动化水平的重要标志。

1.1 工业机器人的定义及发展

1.1.1 工业机器人的定义

工业机器人
发展历程

机器人（Robot）一词来源于捷克斯洛伐克作家卡雷尔·萨佩克于1921年创作的一个名为 "Rossums Uniersal Robots"（罗萨姆万能机器人）的剧本。在剧本中，萨佩克把在罗萨姆万能机器人公司生产劳动的那些家伙取名为 "Robot"（汉语音译为 "罗伯特"），其意为 "不知疲倦地劳动"。萨佩克把机器人定义为服务于人类的家伙，机器人的名字也由此而生。后来，机器人一词频繁出现在现代科幻小说和电影中。

随着现代科技的不断前进，机器人这一概念逐步演变成现实。在现代工业的发展过程中，机器人逐渐融合了机械、电子、运动、动力、控制、传感检测、计算技术等多门学科，成为现代科技发展极为重要的组成部分。

目前，虽然机器人面世已有几十年的时间，但仍然没有一个统一的定义。其原因之一就是机器人还在不断地发展，新的机型、新的功能不断涌现。

美国机器人协会将工业机器人定义为：一种用于移动各种材料、零件、工具或专用装置的，通过程序动作来执行种种任务的，并具有编程能力的多功能操作机。

日本机器人协会指出：工业机器人是一种带有存储器件和末端操作器的通用机械，它能够通过自动化的动作替代人类劳动。

我国科学家对工业机器人的定义是：机器人是一种自动化的机器，所不同的是这种机器具备一些与人或生物相似的能力，如感知能力、规划能力、动作能力和协同能力，是一种具有高度灵活性的自动化机器。

国际标准化组织定义：工业机器人是一种仿生的、具有自动控制能力的、可重复编程的、多功能、多自由度的操作机械。

由此不难发现，工业机器人是由仿生机械结构、电动机、减速机和控制系统组成的，用于从事工业生产，能够自动执行工作指令的机械装置。它可以接受人类指挥，也可以按照预先编排的程序运行，现代工业机器人还可以根据人工智能技术制定的原则和纲领行动。

一般情况下，工业机器人应该具有以下四个特征：

1）特定的机械结构。

2）从事各种工作的通用性能。

3）具有感知、学习、计算、决策等不同程度的智能。

4）相对独立性。

1.1.2 工业机器人的发展

1. 发展历史

大千世界，万事万物都遵循着从无到有、从低到高的发展规律，机器人也不例外。早在三千多年前的西周时代，中国就出现了能歌善舞的木偶，称为"倡者"，这可能是世界上最早的"机器人"。然而真正的工业机器人的出现并不久远，20 世纪 50、60 年代，随着机构理论和伺服理论的发展，机器人开始进入了实用化和工业化阶段。

1954 年，美国的乔治·德沃尔提出了一个与工业机器人有关的技术方案，并申请了"通用机器人"专利。该专利的要点在于借助伺服技术来控制机器人的各个关节，同时可以利用人手完成对机器人动作的示教，实现机器人动作的记录和再现。

1959 年，德沃尔与美国发明家约瑟夫·英格伯格联手制造出第一台工业机器人 Unimate（见图 1-1），机器人的历史才真正拉开了帷幕。1960 年，美国机器和铸造公司 AMF 生产了柱坐标型 Versatran 机器人（见图 1-2）。Versatran 机器人可进行点位和轨迹控制，是世界上第一台用于工业生产的机器人。

19 世纪 70 年代的日本正面临着严重的劳动力短缺，这个问题已成为制约其经济发展的一个主要问题。毫无疑问，此时在美国诞生并已投入生产的工业机器人给日本带来了福音，日本在 1967 年从美国引进第一台机器人。1976 年以后，随着微电子的快速发展和市场需求急剧增加，日本当时劳动力显著不足，工业机器人在企业里受到了"救世主"般的欢迎，工业机器人在日本得到了快速发展。如今，无论是机器人的数量还是机器人的密度，日本都位居世界第一，素有"机器人王国"之称。

图1-1　Unimate机器人

图1-2　Versatran机器人

德国引进机器人的时间比英国和瑞典晚了五六年，但战争所导致的劳动力短缺，国民的技术水平较高等因素却为工业机器人的发展、应用提供了有利条件。此外，在德国规定，对于一些危险、有毒、有害的工作岗位，必须以机器人来代替普通人的劳动。这为机器人的应用开拓了广泛的市场，并推动了工业机器人技术的发展。目前，德国工业机器人的总数占世界第二位，仅次于日本。

法国政府一直比较重视机器人技术，通过大力支持一系列研究计划，建立了一个完整的科学技术体系，使法国机器人的发展比较顺利。政府组织的项目特别注重机器人基础技术方面的研究，把重点放在开展机器人的应用研究上。而由工业界支持开展应用和开发方面的工作，两者相辅相成，使机器人在法国企业界得以迅速发展和普及，从而使法国在国际工业机器人界拥有不可或缺的一席之地。

英国从 20 世纪 70 年代末开始，推行并实施了一系列措施支持机器人发展的政策，使英国工业机器人起步比当今的机器人大国——日本还要早，并曾经取得了辉煌的成绩。然而，这时候政府对工业机器人实行了限制发展的措施。这个错误导致英国的机器人工业一蹶不振，在西欧几乎处于末位。近些年，意大利、瑞士、西班牙、芬兰、丹麦等国家由于自身国内机器人市场的大量需求，发展速度非常快。

目前，国际上的工业机器人公司主要分为日系和欧系。日系中主要有安川、OTC、松下和发那科。欧系中主要有德国的 KUKA、CLOOS，瑞士的 ABB，意大利的 COMAU，英国的 Autotech Robotics 等。

我国工业机器人起步于20世纪70年代初期。经过30多年发展,大致经历了三个阶段:70年代萌芽期、80年代的开发期和90年代后的应用期。70年代,清华、哈工大、华中科大、沈阳自动化研究所等一批科研院所最早开始了工业机器人的理论研究。80~90年代,沈阳自动化研究所和中国第一汽车制造集团进行了机器人的试制和初步应用工作。进入21世纪以来,在国家政策的大力支持下,广州数控、沈阳新松、安徽埃夫特、南京埃斯顿等一批优秀的本土机器人公司开始涌现,工业机器人也开始在中国形成了初步产业化规模。现在,国家更加重视机器人工业的发展,也有越来越多的企业和科研人员投入到机器人的开发研究中。

目前,我国的科研人员已基本掌握了工业机器人的结构设计和制造技术、控制系统硬件和软件技术、运动学和轨迹规划技术,也形成了机器人部分关键元器件的规模化生产能力。一些公司开发出的喷漆、弧焊、点焊、装配、搬运等机器人已经在多家企业的自动化生产线上获得规模应用,焊接机器人也已广泛应用在汽车制造厂的焊装线上。

总体来看,我国的工业机器人由于起步较晚,在技术开发和工程应用水平与国外相比还有一定的差距。主要表现在以下几个方面:

第一,创新能力较弱,核心技术和核心关键部件受制于人,尤其是高精度的减速器长期需要进口,缺乏自主研发产品,影响总体机器人的产业发展。

第二,产业规模小,市场满足率低,相关基础设施服务体系建设明显滞后。中国工业机器人企业虽然形成了自己的部分品牌,但不能与国际知名品牌形成有力竞争。

第三,行业归口、产业规划需要进一步明确。

随着工业机器人的应用越来越广泛,国家也在积极推动我国机器人产业的发展。尤其是进入"十三五"以来,国家出台的《机器人产业发展规划(2016—2020)》对机器人产业进行了全面规划,要求行业、企业搞好系列化、通用化、模块化设计,积极推进工业机器人产业化进程。

2.发展趋势

工业机器人在许多生产领域的应用实践证明,它在提高生产自动化水平,提高劳动生产率、产品质量及经济效益,改善工人劳动条件等方面,有着令世人瞩目的作用。随着科学技术的进步,机器人产业必将得到更加快速的发展,工业机器人将得到更加广泛的应用。

(1)技术发展趋势 在技术发展方面,工业机器人正向结构轻量化、智能化、模块化和系统化的方向发展。未来主要的发展趋势如下:

1)机器人结构的模块化和可重构化。

2)控制技术的高性能化、网络化。

3)控制软件架构的开放化、高级语言化。

4）伺服驱动技术的高集成度和一体化。

5）多传感器融合技术的集成化和智能化。

6）人机交互界面的简单化、协同化。

（2）应用发展趋势 自工业机器人诞生以来，汽车行业一直是其应用的主要领域。2014 年，北美机器人工业协会在年度报告中指出，截至 2013 年年底，汽车行业仍然是北美机器人最大的应用市场，但其在电子、电气、金属加工、化工、食品等行业的出货量却增速迅猛。由此可见，未来工业机器人的应用依托汽车产业，并迅速向各行业延伸。对于机器人行业来讲，这是一个非常积极的信号。

（3）产业发展趋势 国际机器人联合会公布的数据显示，2013 年，全球机器人装机量达到 17.9 万台，亚洲、澳洲占 10 万台，其中中国占 36 560 台，整个行业产值 300 亿美元。2014 年，全球机器人销量 22.5 万台，亚洲的销量占到 2/3，中国市场的机器人销量近 45 500 台，增长 35%。到目前为止，全球的主要机器人市场集中在亚洲、澳洲、欧洲及北美，累计安装量已超过 200 万台。工业机器人的时代即将来临，并将在智能制造领域掀起一场变革。

1.2 工业机器人的基本组成及技术参数

1.2.1 工业机器人的基本组成

工业机器人是一种模拟人手臂、手腕和手功能的机电一体化装置。一台通用的工业机器人从体系结构来看，可以分为三大部分：机器人本体、控制器与控制系统以及示教器，具体结构如图 1-3 所示。

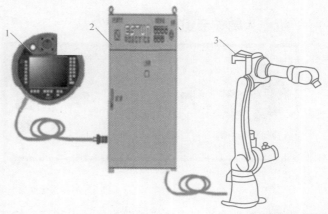

1. 机器人本体

机器人本体是工业机器人的机械主体，是完成各种作业的执行机构。一般包含互相连接的机械臂、驱动与传动装置以及各种内外部传感器。工作时通过末端执行器实现机器人对工作目标的动作。

图1-3 工业机器人的基本组成

1—示教器 2—控制器 3—机器人本体

工业机器人基本组成

（1）机械臂 大部分工业机器人为关节型机器人，关节型机器人的机械臂是由若干个机械关节连接在一起的集合体。图 1-4 所示为典型六关节工业机器人，由机座、腰部

（关节1）、大臂（关节2）、肘部（关节3）、小臂（关节4）、腕部（关节5）和手部（关节6）构成。

1）机座。机座是机器人的支承部分，内部安装有机器人的执行机构和驱动装置。

2）腰部。腰部是连接机器人机座和大臂的中间支承部分。工作时，腰部可以通过关节1在机座上转动。

3）臂部。六关节机器人的臂部一般由大臂和小臂构成，大臂通过关节2与腰部相连，小臂通过肘关节3与大臂相连。工作时，大、小臂各自通过关节电动机转动，实现移动或转动。

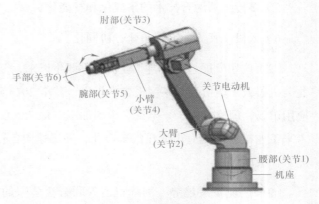

图1-4 典型六关节工业机器人

4）手腕。手腕包括手部和腕部，是连接小臂和末端执行器的部分，主要用于改变末端执行器的空间位姿，联合机器人的所有关节实现机器人预期的动作和状态。

（2）驱动与传动装置 工业机器人的机座、腰部关节、大臂关节、肘部关节、小臂关节、腕部关节和手部关节构成了机器人的外部结构或机械结构。机器人运动时，每个关节的运动通过驱动装置和传动机构实现。图1-5所示为机器人运动关节的组成，要构成多关节机器人，其每个关节的驱动及传动装置缺一不可。

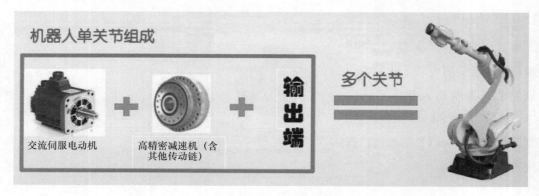

图1-5 机器人运动关节的组成

驱动装置是向机器人各机械臂提供动力和运动的装置。不同类型的机器人，驱动采用的动力源不同，驱动系统的传动方式也不同。驱动系统的传动方式主要有四种：液压式、气压式、电力式和机械式。电力驱动是目前使用最多的一种驱动方式，其特点是电源取用方便，响应快，驱动力大，信号检测、传递、处理方便，并可以采用多种灵活的控制方式。驱动电动机一般采用步进电动机或伺服电动机，目前也有的采用力矩电动机，但是造价较高，控制也较为复杂。和电动机相配的减速器一般采用谐波减速器、摆线针轮减速器或者行星轮减速器。

（3）传感器　为检测作业对象及工作环境，在工业机器人上安装了诸如触觉传感器、视觉传感器、力觉传感器、接近传感器、超声波传感器和听觉传感器。这些传感器可以大大改善机器人工作状况和工作质量，使它能够更充分地完成复杂的工作。

2. 控制器及控制系统

控制系统是构成工业机器人的神经中枢，由计算机硬件、软件和一些专用电路、控制器、驱动器等构成。工作时，根据编写的指令以及传感信息控制机器人本体完成一定的动作或路径，主要用于处理机器人工作的全部信息。控制柜内部结构如图1-6所示。

图1-6　控制柜内部结构

为实现对机器人的控制，除计算机硬件系统外，还必须有相应的软件控制系统。通过软件控制系统的支持，可以方便地建立、编辑机器人控制程序。目前，世界各大机器人公司都有自己完善的软件控制系统。

3. 示教器

示教器是人机交互的一个接口，也称示教盒或示教编程器，主要由液晶屏和可供触摸的操作按键组成。操作时由控制者手持设备，通过按键将需要控制的全部信息通过与控制器连接的电缆送入控制柜的存储器中，实现对机器人的控制。示教器是机器人控制系统的重要组成部分，操作者可以通过示教器进行手动示教，控制机器人到达不同位姿，并记录各个位姿点坐标；也可以利用机器人语言进行在线编程，实现程序回放，让机器人按编写好的程序完成轨迹运动。

示教器上设有用于对机器人进行示教和编程所需的操作键和按钮。一般情况下，不同机器人厂商示教器外观各不相同，但一般都包含中央的液晶显示区、功能按键区、急停按钮和出入线口。图1-7所示为某品牌机器人的示教器外观。

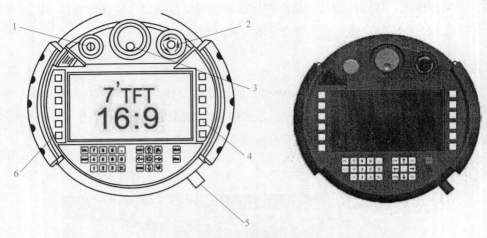

图1-7　某品牌机器人示教器外观

1—三位钥匙开关　2—急停 EMG 按钮　3—脉冲发生器（摇杆）　4、6—自定义按键　5—出线口

1.2.2　工业机器人技术参数

工业机器人
技术参数

虽然工业机器人的种类、用途不尽相同，但任一工业机器人都有其使用的作业范围和要求。目前，工业机器人的主要技术参数有以下几种：自由度、分辨率、定位精度和重复定位精度、作业范围、运动速度和承载能力。

1. 自由度

自由度是指机器人所具有的独立坐标轴运动的数目，不包括末端执行器的开合自由度。一般情况下，机器人的一个自由度对应一个关节，所以自由度与关节的概念是等同的。自由度是表示机器人动作灵活程度的参数，自由度越多，机器人就越灵活，但结构也越复杂，控制难度越大，所以机器人的自由度要根据其用途设计，一般为3~6个。

2. 分辨率

分辨率是指机器人每个关节所能实现的最小移动距离或最小转动角度。工业机器人的分辨率分编程分辨率和控制分辨率两种。

编程分辨率是指控制程序中可以设定的最小距离，又称基准分辨率。当机器人某关节电动机转动 0.1°，机器人关节端点移动直线距离为 0.01mm，其基准分辨率即为 0.01mm。

控制分辨率是系统位置反馈回路所能检测到的最小位移，即与机器人关节电动机同轴安装的编码盘发出单个脉冲电动机转过的角度。

3. 定位精度和重复定位精度

定位精度和重复定位精度是机器人的两个精度指标。定位精度是指机器人末端执行器的实际位置与目标位置之间的偏差，由机械误差、控制算法与系统分辨率等部分组成。典型的工业机器人定位精度一般在 ±（0.02~5）mm 范围。

重复定位精度是指在同一环境、同一条件、同一目标动作、同一命令之下，机器人连续重复运动若干次时，其位置的分散情况，是关于精度的统计数据。因重复定位精度不受工作载荷变化的影响，故通常用重复定位精度这一指标作为衡量示教－再现工业机器人精度水平的重要指标。

4. 作业范围

作业范围是机器人运动时手臂末端或手腕中心所能到达的位置点的集合，也称为机器人的工作区域。机器人作业时，由于末端执行器的形状和尺寸是跟随作业需求配置的，所以为真实反映机器人的特征参数，机器人作业范围是指不安装末端执行器时的工作区域。作业范围的大小不仅与机器人各连杆的尺寸有关，而且与机器人的总体结构形式有关。

工业机器人技术
参数实训讲解

作业范围的形状和大小是十分重要的，机器人在执行某作业时可能会因存在手部不能到达的盲区而不能完成任务，因此在选择机器人执行任务时，一定要合理选择符合当前作业范围的机器人。

5. 运动速度

运动速度影响机器人的工作效率和运动周期，它与机器人所提取的重力和位置精度均有密切的关系。运动速度提高，机器人所承受的动载荷增大，必将承受着加减速时较大的惯性力，从而影响机器人的工作平稳性和位置精度。就目前的技术水平而言，通用机器人的最大直线运动速度大多在 1000mm/s 以下，最大回转速度一般不超过 120°/s。

一般情况下，机器人的生产厂家会在技术参数中标明出厂机器人的最大运动速度。

6. 承载能力

承载能力是指机器人在作业范围内的任何位姿上所能承受的最大重量。承载能力不仅取决于负载的重量，而且与机器人运行的速度和加速度的大小和方向有关。根据承载能力的不同，工业机器人大致分为：

1）微型机器人——承载能力为 1N 以下。

2）小型机器人——承载能力不超过 10^5N。

3）中型机器人——承载能力为 10^5 ~ 10^6N。

4）大型机器人——承载能力为 10^6 ~ 10^7N。

5）重型机器人——承载能力为 10^7N 以上。

7. 机器人参数示例

MOTOMAN UP6 型机器人是日本安川电机生产的一种通用型机器人，其部分技术参数见表1-1。

表 1-1　MOTOMAN UP6 型机器人部分技术参数

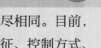	机械结构	垂直多关节型
	自由度数	6
	载荷质量	6kg
	重复定位精度	±0.08mm
	本体质量	130kg
最大动作范围	S 轴（回旋）	−170°~+170°
	L 轴（下臂倾动）	−90°~+155°
	U 轴（上臂倾动）	−170°~+190°
	R 轴（手臂横摆）	−180°~+180°
	B 轴（手腕俯仰）	−45°~+225°
	T 轴（手腕回旋）	−360°~+360°
最大速度	S 轴	2.44rad/s（140°/s）
	L 轴	2.79rad/s（160°/s）
	U 轴	2.97rad/s（170°/s）
	R 轴	5.85rad/s（335°/s）
	B 轴	5.85rad/s（335°/s）
	T 轴	8.37rad/s（500°/s）

1.3　工业机器人的分类及典型应用

工业机器人的种类很多，其功能、特征、驱动方式、应用场合等参数不尽相同。目前，国际上还没有形成机器人的统一划分标准。本书将主要从机器人的结构特征、控制方式、驱动方式、应用领域等几个方面进行分类。

1.3.1　按结构特征划分

工业机器人
分类

机器人的结构形式多种多样，典型机器人的运动特征用其坐标特性来描述。按结构特征来分，工业机器人通常可以分为直角坐标机器人、柱面坐标机器人、球面坐标机器人（又称极坐标机器人）、多关节机器人、并联关节机器人等。

1. 直角坐标机器人

直角坐标机器人是指在工业应用中，能够实现自动控制的、可重复编程的、在空间上具有相互垂直关系的三个独立自由度的多用途机器人，其结构如图1-9所示。直角坐标机器人末端执行器的姿态由参数（x，y，z）决定。

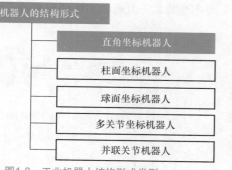

图1-8　工业机器人结构形式类型

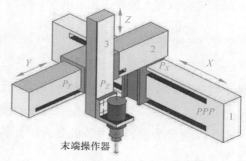

图1-9　直角坐标机器人

从图 1-9 中可以看出，机器人在空间坐标系中有三个相互垂直的移动关节 X、Y、Z，每个关节都可以在独立的方向移动。

直角坐标机器人的特点是直线运动、控制简单。缺点是灵活性较差，自身占据空间较大。

目前，直角坐标机器人可以非常方便地用于各种自动化生产线中，可以完成诸如焊接、搬运、上下料、包装、码垛、检测、探伤、分类、装配、贴标、喷码、打码、喷涂、目标跟随以及排爆等一系列工作。

2. 柱面坐标机器人

柱面坐标机器人是指能够形成圆柱坐标系的机器人，如图 1-10 所示。其结构主要由一个旋转机座形成的转动关节和垂直、水平移动的两个移动关节构成。柱面坐标机器人末端执行器的姿态由参数（z，r，θ）决定。

柱面坐标机器人具有空间结构小、工作范围大、末端执行器速度高、控制简单、运动灵活等优点。缺点是工作时，必须有沿 r 轴线前后方向的移动空间，空间利用率低。

目前，柱面坐标机器人主要用于重物的装卸、搬运等工作。著名的 Versatran 机器人就是一种典型的柱面坐标机器人。

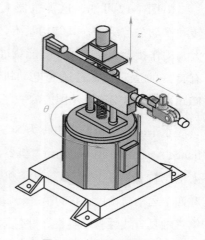

图1-10　柱面坐标机器人

3. 球面坐标机器人

球面坐标机器人的结构如图 1-11 所示，一般由两个回转关节和一个移动关节构成。其轴线按极坐标配置，R 为移动坐标，β 是手臂在铅垂面内的摆动角，θ 是绕手臂支承底座垂直轴的转动角。这种机器人运动所形成的轨迹表面是半球面，

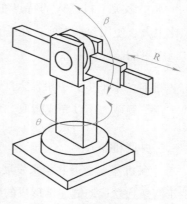

图1-11　球面坐标机器人

所以称为球面坐标机器人。

球面坐标机器人同样占用空间小，操作灵活且范围大，但运动学模型较复杂，难以控制。

4. 多关节机器人

关节机器人也称关节手臂机器人或关节机械手臂，是当今工业领域中应用最为广泛的一种机器人。多关节机器人按照关节的构型不同，又可分为垂直多关节机器人和水平多关节机器人。

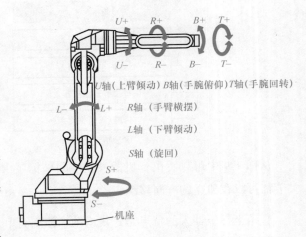

垂直多关节机器人主要由机座和多关节臂组成，目前常见的关节臂数是 3~6 个。某品牌六关节臂机器人的结构如图 1-12 所示。

由图 1-12 可知，这类机器人由多个旋转和摆动关节组成，其结构紧凑，工作空间

图1-12　六关节臂机器人的结构

大，动作接近人类，工作时能绕过机座周围的一些障碍物，对装配、喷涂、焊接等多种作业都有良好的适应性，且适合电动机驱动，关节密封、防尘比较容易。目前，瑞士 ABB、德国 KUKA、日本安川以及国内的一些公司都在推出这类产品。

水平多关节机器人也称为 SCARA（Selective Compliance Assembly Robot Arm）机器人。水平多关节机器人的结构如图 1-13 所示。这类机器人一般具有四个轴和四个运动自由度，它的第一、二、四轴具有转动特性，第三轴具有线性移动特性，并且第三轴和第四轴可以根据工作需要的不同，制造成多种不同的形态。

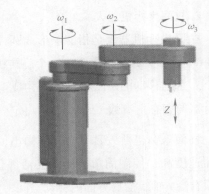

水平多关节机器人的特点在于作业空间与占地面积比很大，使用起来方便；在垂直升降方向刚性好，尤其适合平面装配作业。

图1-13　水平多关节机器人

目前，水平多关节机器人广泛应用于电子产品工业、汽车工业、塑料工业、药品工业和食品工业等领域，用以完成搬取、装配、喷涂和焊接等操作。

5. 并联机器人

并联机器人是近些年来发展起来的一种由固定机座和具有若干自由度的末端执行器、以不少于两条独立运动链连接形成的新型机器人。

图 1-14 所示为六自由度并联机器人。和串联机器人相比，并联机器人具有以下特点：

1）无累积误差，精度较高。

2）驱动装置可置于定平台上或接近定平台的位置，运动部分重量轻，速度高，动态响应好。

3）结构紧凑，刚度高，承载能力大。

4）具有较好的各向同性。

5）工作空间较小。

并联机器人广泛应用于装配、搬运、上下料、分拣、打磨、雕刻等需要高刚度、高精度或者大载荷而无需很大工作空间的场合。

图1-14　并联机器人

1.3.2　按控制方式划分

工业机器人根据控制方式的不同，可以分为伺服控制机器人和非伺服控制机器人两种。机器人运动控制系统最常见的方式就是伺服系统。伺服系统是指精确地跟随或复现某个过程的反馈控制系统。在很多情况下，机器人伺服系统的作用是驱动机器人机械手准确地跟随系统输出位移指令，达到位置的精确控制和轨迹的准确跟踪。

伺服控制机器人又可细分为连续轨迹控制机器人和点位控制机器人。点位控制机器人的运动为空间点到点之间的直线运动。连续轨迹控制机器人的运动轨迹可以是空间的任意连续曲线。

1.3.3　按驱动方式划分

根据能量转换方式的不同，工业机器人驱动类型可以划分为液压驱动、气压驱动、电力驱动和新型驱动四种类型。

1. 气压驱动

气压驱动机器人是以压缩空气来驱动执行机构的。这种驱动方式的优点是：空气来源方便，动作迅速，结构简单。缺点是：工作的稳定性与定位精度不高，抓力较小，所以常用于负载较小的场合。

2. 液压驱动

液压驱动是使用液体油液来驱动执行机构的。与气压驱动机器人相比，液压驱动机器人具有大得多的负载能力，其结构紧凑，传动平稳，但液体容易泄漏，不宜在高温或低温场合作业。

3. 电力驱动

电力驱动是利用电动机产生的力矩驱动执行机构的。目前，越来越多的机器人采用电力驱动方式，电力驱动易于控制，运动精度高，成本低。

电力驱动又可分为步进电动机驱动、直流伺服电动机驱动及无刷伺服电动机驱动等方式。

4. 新型驱动

伴随着机器人技术的发展，出现了利用新的工作原理制造的新型驱动器，如静电驱动器、压电驱动器、形状记忆合金驱动器、人工肌肉及光驱动器等。

1.3.4 按应用领域划分

工业机器人分类

工业机器人按作业任务的不同可以分为焊接、搬运、装配、码垛、喷涂等类型机器人。

1. 焊接机器人

焊接机器人是从事焊接作业的工业机器人，如图 1-15 所示。焊接机器人常用于汽车制造领域，是应用最为广泛的工业机器人之一。目前，焊接机器人的使用量约占全部工业机器人总量的 30%。

焊接机器人又可以分为点焊机器人和弧焊机器人。从 20 世纪 60 年代开始，焊接机器人焊接技术日益成熟，在长期使用过程中，主要体现了以下优点：

1）可以稳定提高焊件的焊接质量。

2）提高了企业的劳动生产率。

3）改善了工人的劳动强度，可替代人类在恶劣环境下工作。

4）降低了工人操作技术的要求。

5）缩短了产品改型换代的准备周期，减少了设备投资。

图1-15 焊接机器人

2. 搬运机器人

搬运机器人是可以进行自动搬运作业的工业机器人，如图 1-16 所示。最早的搬运机器人是 1960 年美国设计的 Versatran 和 Unimate，搬运时机器人末端夹具设备握持工件，

图1-16 搬运机器人

将工件从一个加工位置移动到另一个加工位置。目前世界上使用的搬运机器人超过 10 万台，广泛应用于机床上下料、压力机自动化生产线、自动装配流水线、码垛搬运、集装箱搬运等的场合。

搬运机器人又分为可以移动的搬运小车（AGV），用于码垛的码垛机器人，用于分解的分解机器人，用于机床上下料的上下料机器人等。其主要作用就是实现产品、物料或工具的搬运，主要优点如下：

1）提高生产率，一天可以 24h 无间断地工作。

2）改善工人劳动条件，可在有害环境下工作。

3）降低工人劳动强度，减少人工成本。

4）缩短了产品改型换代的准备周期，减少相应的设备投资。

5）可实现工厂自动化、无人化生产。

3. 装配机器人

装配机器人是专门为装配而设计的机器人。常用的装配机器人主要可以完成生产线上一些零件的装配或拆卸工作。从结构上来分，主要有 PUMA 机器人（可编程通用装配操作手）和 SCARA 机器人（水平多关节机器人）两种类型。

PUMA 机器人是美国 Unimation 公司于 1977 年研制的由计算机控制的多关节装配机器人。它一般有 5~6 个自由度，可以实现腰、肩、肘的回转以及手腕的弯曲、旋转和扭转等功能，如图 1-17 所示。

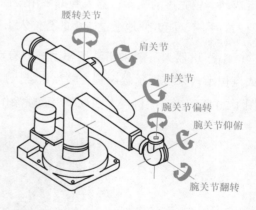

图1-17　PUMA562机器人

SCARA 机器人是一种特殊的柱面坐标工业机器人，它有三个旋转关节，其轴线相互平行，在平面内进行定位和定向。另一个关节是移动关节，用于完成末端件在垂直方向上的运动。这类机器人的结构轻便、响应快，例如 Adept1 型 SCARA 运动速度可达 10m/s，比一般关节机器人快数倍。它最适用于平面定位、垂直方向进行装配的作业。图 1-18 所示为某品牌的 SCARA 机器人。

与一般工业机器人相比，装配机器人具有精度高、柔顺性好、工作空间小、能与其他系统配套使用等特点。在工业生产中，使用装配机器人可以保证产品质量，降低成本，提高生产自动化水平。目前，装配机器人主要用于各种电器（包括家用电器，如电视机、录音机、洗衣机、电冰箱、吸尘器）的制造，小型电动机、汽车及其零部件、计算机、玩具、机电产品及其组件的装配等。图 1-19 所示为装配机器人装配作业。

图1-18 某品牌的SCARA机器人

图1-19 装配机器人装配作业

4. 喷涂机器人

喷涂机器人是可进行自动喷漆或喷涂其他涂料的工业机器人，1969 年由挪威 Trallfa 公司发明。喷涂机器人主要由机器人本体、计算机和相应的控制系统组成。液压驱动的喷涂机器人还包括液压动力装置，如油泵、油箱和电动机等。喷涂机器人多采用五自由度或六自由度关节式结构，手臂有较大的工作空间，并可做复杂的轨迹运动，其腕部一般有 2 ~ 3 个自由度，可灵活运动。较先进的喷涂机器人腕部采用柔性手腕，既可向各个方向弯曲，又可转动，其动作类似人的手腕，能方便地通过较小的孔伸入工件内部，喷涂其内表面。

喷涂机器人一般采用液压驱动，具有动作速度快、防爆性能好等特点，可通过手动示教或点位示教来实现示教编程。喷涂机器人广泛用于汽车、仪表、电器、搪瓷等工艺生产部门。图 1-20 所示为喷涂机器人在汽车表面喷涂作业。

图1-20 喷涂机器人在汽车表面喷涂作业

喷涂机器人的主要优点如下：

1）柔性大，工作空间大。

2）可提高喷涂质量和材料利用率。

3）易于操作和维护。可离线编程，大大地缩短了现场调试时间。

4）设备利用率高。喷涂机器人的利用率可达 90%~95%。

思考练习题

1. 简述工业机器人的定义和主要特征。

2. 简述工业机器人的基本组成及其作用。

3. 简述工业机器人各参数的定义：自由度、重复定位精度、工作空间、运动速度、承载能力。

4. 工业机器人的分类方式有哪几种？各有什么特点？

5. 什么是 SCARA 机器人？应用上有何特点？

6. 什么是 PUMA 机器人？它有什么特点？

7. 并联机器人有哪些特点？它适用于哪些场合？

8. 工业机器人控制器的主要功能有哪些？

9. 说明工业机器人的主要应用场合。这些场合有什么特点？

第2章
CHAPTER 2

工业机器人数学基础

矩阵不仅可用来表示点、向量、坐标系、平移、旋转及变换，还可以表示坐标系中的物体和其他运动部件。工业机器人的许多概念与表达式涉及几何向量，特别是矩阵及其运算。工业机器人通常是一个非常复杂的系统，为准确、清楚地描述工业机器人位姿关系、运动学和动力学方程，需要通过矩阵及其运算、坐标系与向量、坐标变换、矩阵微分等数学理论基础来计算或描述。

2.1 矩阵及其运算

2.1.1 概述

1. 矩阵的定义

在描述工业机器人位姿概念及其关系时，利用矩阵表达式远比其他形式简洁。矩阵运算的规范性更适用于计算机编程。本书中的许多关系式将采用矩阵形式表达，为此现将有关矩阵的一些概念做简要的介绍，对一些符号进行约定。

将 $m \times n$ 个标量 A_{ij}（$i=1, 2, \cdots, m$；$j=1, 2, \cdots, n$）排列成如下的 m 行、n 列的形式，将其定义为 $m \times n$ 阶（维）矩阵，用一个黑斜体的大写字母来表示，即

$$\boldsymbol{A} \overset{\text{def}}{=} \left(A_{ij} \right)_{m \times n} \overset{\text{def}}{=} \begin{pmatrix} A_{11} & A_{12} & \cdots & A_{1n} \\ A_{21} & A_{22} & \cdots & A_{2n} \\ \vdots & \vdots & & \vdots \\ A_{m1} & A_{m2} & \cdots & A_{mn} \end{pmatrix}$$

式中，A_{ij} 为矩阵 $\boldsymbol{A}$ 中的第 i 行、第 j 列元素，且 A_{ij} 可以为实数、复数。

将矩阵 $\boldsymbol{A}$ 的第 i 行变为第 j 列，可得到 $n \times m$ 阶新矩阵，称其为原矩阵 $\boldsymbol{A}$ 的转置矩阵，记为 $\boldsymbol{A}^{\text{T}}$。例如 3×5 阶矩阵

$$A = \begin{pmatrix} 1 & 3 & 2 & 4 & 5 \\ 2 & 4 & 3 & 6 & 3 \\ 4 & 1 & 4 & 2 & 6 \end{pmatrix}$$

该矩阵的转置矩阵为 5×3 阶矩阵，即

$$A^{\mathrm{T}} = \begin{pmatrix} 1 & 2 & 4 \\ 3 & 4 & 1 \\ 2 & 3 & 4 \\ 4 & 6 & 2 \\ 5 & 3 & 6 \end{pmatrix}$$

所有元素为零的矩阵称为零矩阵，记为 0，但不同阶数的零矩阵是不相等的。行数与列数均相等的矩阵称为 n 阶方阵。

如果对于 n 阶方阵 A，其元素满足 $A_{ij}=A_{ji}$（i，$j=1$，$\cdots$，n），即

$$A = A^{\mathrm{T}}$$

则称方阵 A 为对称矩阵。如果 $A_{ij}= -A_{ji}$（i，$j=1$，$\cdots$，n），即

$$A = -A^{\mathrm{T}}$$

则称方阵 A 为反对称矩阵。显然，对于反对称矩阵，有

$$A_{ij}=0 \ (i, \ j=1, \ \cdots, \ n)$$

除对角元素（至少有一为非零）外，所有元素均为零的方阵称为对角阵，n 阶对角阵可写成

$$A = \begin{pmatrix} A_{11} & 0 & \cdots & 0 \\ 0 & A_{22} & \cdots & 0 \\ \vdots & \vdots & \vdots & \vdots \\ 0 & 0 & \cdots & A_{nn} \end{pmatrix} \overset{\mathrm{def}}{=} \mathrm{diag}(A_{11} \quad A_{12} \quad \cdots \quad A_{nn})$$

对角元素均为 1 的 n 阶对角阵称为 n 阶单位阵，记为 I_n 或简写为 I。对角阵的对角元素的和称为该矩阵的迹，记为 $\mathrm{tr}A= \sum_{i=1}^{n} A_{ii}$。

将矩阵的定义加以推广，矩阵 A 的元素可以不是标量 A_{ij} 而是矩阵 A_{ij}，即

$$A \overset{\mathrm{def}}{=} (A_{ij})_{m \times n} \overset{\mathrm{def}}{=} \begin{pmatrix} A_{11} & A_{12} & \cdots & A_{1n} \\ 0 & A_{22} & \cdots & A_{2n} \\ \vdots & \vdots & \vdots & \vdots \\ A_{m1} & A_{m2} & \cdots & A_{mn} \end{pmatrix}$$

式中，第 i 行（$i=1$, 2, $\cdots$, m）各矩阵元素 A_{i1}, A_{i2}, $\cdots$, A_{in} 的行阶相等；第 j 列（$j=1$, 2, $\cdots$, n）各矩阵元素 A_{1j}, A_{2j}, $\cdots$, A_{mj} 的列阶相等，称矩阵元素 A_{ij} 为矩阵 A 的分块阵。

例如上述的 3×5 阶矩阵可由四个分块阵表示，即

$$A = \begin{pmatrix} A_{11} & A_{12} \\ A_{21} & A_{22} \end{pmatrix}$$

其中 $A_{11} = \begin{pmatrix} 1 & 3 \\ 2 & 4 \end{pmatrix}$, $A_{12} = \begin{pmatrix} 2 & 4 & 5 \\ 3 & 6 & 3 \end{pmatrix}$, $A_{21} = (4 \quad 1)$, $A_{22} = (4 \quad 2 \quad 6)$

注意：第一行的块矩阵元素 A_{11} 和 A_{12}，其行阶均为 2；第二行的块矩阵元素 A_{21} 和 A_{22}，其行阶均为 1；第一列的块矩阵元素 A_{11} 和 A_{21}，其列阶均为 2；第二列的块矩阵元素 A_{12} 和 A_{22}，其列阶均为 3。

行数与列数均分别相等的两个或多个矩阵，称为同型矩阵。

2. 其他矩阵

方阵是十分重要的一类矩阵。由 n 阶方阵 A 的元素按原相对位置不变所构成的行列式称为方阵 A 的行列式，记为 $|A|$ 或 $\det A$。

设 A 为 n 阶方阵，如果 $|A| \neq 0$，则称 A 为非奇异矩阵；如果 $|A|=0$，则称 A 为奇异矩阵。设 A 为 n 阶方阵，由 $|A|$ 的各元素的代数余子式所构成的方阵称为方阵 A 的伴随阵 A^*，它有以下性质：

$$AA^* = A^*A = |A|E$$

在矩阵的运算中，单位阵 E 相当于数的乘法运算中的 1。对于矩阵 A，如果存在一个矩阵 A^{-1}，使得 $AA^{-1}=A^{-1}A=E$，则矩阵 A^{-1} 称为 A 的可逆矩阵或逆阵。

当方阵 $|A| \neq 0$ 时，有

$$A^{-1} = \frac{1}{|A|}A^*$$

对于非奇异矩阵存在一个逆矩阵，记为 A^{-1}，使得

$$AA^{-1} = A^{-1}A = I$$

可证明以下等式成立

$$(A^{-1})^T = (A^T)^{-1}$$

$$(AB^{-1})^T = B^{-1}A^{-1}$$

满足如下等式的非奇异矩阵 A 称为正交阵：

$$A^{-1} = A^{\mathrm{T}}$$

代入上式，对于正交阵有

$$AA^{\mathrm{T}} = AA^{-1} = I$$

2.1.2　矩阵运算

1. 矩阵相等

两个同阶的矩阵 A 与 B 中如果所有的下标 i 与 j 的元素相等，即有 $A_{ij} = B_{ij}$（$i=1$，$\cdots$，m；$j=1$，$\cdots$，n），则称这两个矩阵相等，记为

$$A = B$$

2. 矩阵数乘

一个标量 a 与一矩阵 A 的乘积为一同阶的新矩阵 C，记为

$$C = aA$$

其中，各元素的关系为

$$C_{ij} = aA_{ij} \quad (i=1, \cdots, m; j=1, \cdots, n)$$

3. 矩阵相加减

同阶矩阵 A 与 B 的和为一同阶的新矩阵 C，记为

$$C = A + B$$

其中，各元素的关系为

$$C_{ij} = A_{ij} + B_{ij} \quad (i=1, \cdots, m; j=1, \cdots, n)$$

不难验证，同阶矩阵的和运算遵循结合律与交换律，即

$$A + B + C = (A + B) + C = A + (B + C)$$

$$A + B = B + A$$

且有

$$(A + B)^{\mathrm{T}} = A^{\mathrm{T}} + B^{\mathrm{T}}$$

4. 矩阵相乘

设 $A = (A_{ij})$ 是一个 $m \times s$ 阶矩阵，$B = (B_{ij})$ 是一个 $s \times n$ 阶矩阵，那么规定矩阵 A 与矩阵 B 的乘积是一个 $m \times n$ 阶矩阵 $C = (C_{ij})$，其中

$$C_{ij} = A_{i1}B_{1j} + A_{i2}B_{2j} + \cdots + A_{is}B_{sj} = \sum_{k=1}^{s} A_{ik}B_{kj}$$
$$(i = 1, \cdots, m; \, j = 1, \cdots, n)$$

并把此乘积记作

$$C=AB$$

注意：只有当第一个矩阵（左矩阵）的列数等于第二个矩阵（右矩阵）的行数时，两个矩阵才能相乘。

一般来说，矩阵乘积不遵循交换律，即 $AB \neq BA$。但遵循分配率与结合律，即有

$$(A+B)C = AC+BC$$

$$(AB)C = A(BC)=ABC$$

且有

$$(AB)^{\mathrm{T}}=B^{\mathrm{T}}A^{\mathrm{T}}$$

5. 矩阵线性相关性

对于 n 个 m 阶列阵 $A_j=(A_{1j} \quad A_{2j} \quad \cdots \quad A_{mj})^{\mathrm{T}}$ $(j=1, \cdots, n)$，如果存在 n 个不同时为零的常数 k_j $(j=1, \cdots, n)$，使得下式成立，则称这 n 个列阵线性相关。

$$\sum_{j=1}^{n} k_j A_j = k_1 \begin{pmatrix} A_{11} \\ A_{21} \\ \vdots \\ A_{m1} \end{pmatrix} + k_2 \begin{pmatrix} A_{12} \\ A_{22} \\ \vdots \\ A_{m2} \end{pmatrix} + \cdots + k_n \begin{pmatrix} A_{1n} \\ A_{2n} \\ \vdots \\ A_{mn} \end{pmatrix} = 0$$

否则，当且仅当 $k_j = 0$ $(j=1, \cdots, n)$ 时，上式才成立，则称这 n 个 m 阶列阵线性无关。将上述定义加以推广，考虑 $m \times n$ 阶矩阵 A，如果存在一常值列阵 $k = (k_1 \quad k_2 \quad \cdots \quad k_n)^{\mathrm{T}} \neq 0$，使得下式成立，则称矩阵 A 的各列阵线性相关。

$$Ak = \sum_{j=1}^{n} k_j A_j = 0$$

否则，当且仅当 $k_j = 0$ $(j=1, \cdots, n)$ 时，上式才成立，则称矩阵 A 的各列阵线性无关。

同样，如果对于 $m \times n$ 阶矩阵 A，如果存在一常值列阵 $l = (l_1 \quad l_2 \quad \cdots \quad l_n)^{\mathrm{T}} \neq 0$，使得下式成立，则称矩阵 A 的各行阵线性相关。

$$A^{\mathrm{T}}l = 0$$

否则，当且仅当 $l_j = 0$ $(j=1, \cdots, n)$ 时，上式才成立，则称矩阵 A 的各行阵线性无关。

6. 矩阵求秩

一矩阵最大的线性无关的列（行）阵的个数定义为该矩阵的列（行）秩。可以证明：任何矩阵的行秩与列秩相等，故行秩或列秩又称为该矩阵的秩。通常秩小于或等于该矩阵的行阶或列阶中的小者。对于秩与行（或列）阶相等的情况，称该矩阵为行（或列）满秩。各行（列）阵线性无关的方阵称为满秩方阵。不满秩的方阵又称为奇异阵。

7. 矩阵求导

矩阵的元素如果为时间 t 的函数，记为 $A_{ij}(t)$，该矩阵记为 $A(t)$。它对时间的导数为一同阶矩阵，其各元素为原矩阵的元素 $A_{ij}(t)$ 对时间的导数，即

$$\frac{\mathrm{d}}{\mathrm{d}t}A(t) \overset{\mathrm{def}}{=} \left(\frac{\mathrm{d}A_{ij}(t)}{\mathrm{d}t}\right)_{m\times n}$$

根据此定义与微分的基本性质，可得如下关系式：

$$\frac{\mathrm{d}}{\mathrm{d}t}(aA) \overset{\mathrm{def}}{=} \frac{\mathrm{d}a}{\mathrm{d}t}A + a\frac{\mathrm{d}A}{\mathrm{d}t}$$

$$\frac{\mathrm{d}}{\mathrm{d}t}(A+B) \overset{\mathrm{def}}{=} \frac{\mathrm{d}A}{\mathrm{d}t} + \frac{\mathrm{d}B}{\mathrm{d}t}$$

$$\frac{\mathrm{d}}{\mathrm{d}t}(AB) \overset{\mathrm{def}}{=} \frac{\mathrm{d}A}{\mathrm{d}t}B + A\frac{\mathrm{d}B}{\mathrm{d}t}$$

式中，a 为时间函数的标量；A 与 B 均为时间函数的矩阵，它们满足矩阵运算的条件。

2.2 坐标系及其关系描述

2.2.1 坐标系的定义

工业机器人坐标系及其关系描述

工业机器人是一个非常复杂的系统，为了准确、清楚地描述机器人位姿参数，通常采用坐标系来描述。而机器人的机构可以看成一个由一系列关节连接起来的连杆在空间组成的多刚体系统，因此，也属于空间几何学问题。把空间几何学的问题归结成易于理解的代数形式的问题，用代数学的方法进行计算、证明，从而达到最终解决几何问题的目的。

1. 直角坐标系

在平面上建立直角坐标系以后，可用点到两条互相垂直的坐标轴的距离来确定点的位置，即平面内的点 P 与二维有序数组 (a, b) 一一对应。在空间建立三维直角坐标系后，可用点到三个互相垂直的坐标平面的距离来确定点的位置，即空间的点 P 与三维有序数组 (a, b, c)

一一对应。建立坐标系，如图2-1所示，取三条相互垂直的具有一定方向和度量单位的直线，称为三维直角坐标系 R^3 或空间直角坐标系 $OXYZ$（也称右手坐标系，见图2-2）。利用三维直角坐标系可以把空间的点 P 与三维有序数组（ a ， b ， c ）建立起一一对应的关系。图2-3所示为典型的直角坐标机器人。

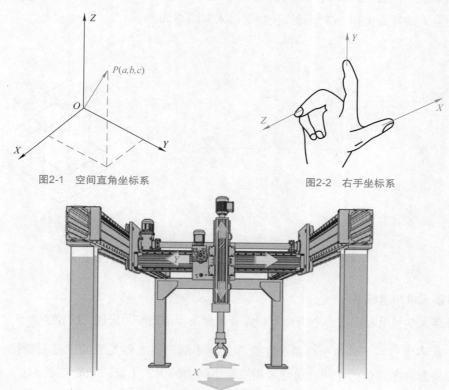

图2-1　空间直角坐标系　　　　　　　　　　图2-2　右手坐标系

图2-3　直角坐标机器人

2. 柱面坐标系

如图2-4a所示，设 $M(x,y,z)$ 为空间内一点，并设点 M 在 XOY 面上的投影 P 的极坐标为（ r,θ ），则这样的三个数 r,θ,z 就叫作点 M 的柱面坐标。典型的柱面坐标机器人如图2-4b所示。

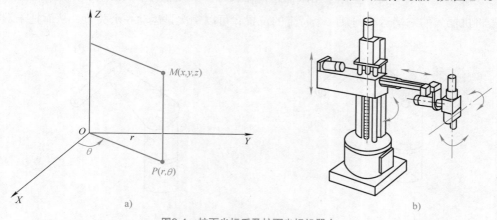

a)　　　　　　　　　　　　　　　b)

图2-4　柱面坐标系及柱面坐标机器人

3. 球面坐标系

如图 2-5a 所示，假设 $P(x,y,z)$ 为空间内一点，则点 P 也可用三个有次序的数 (r,θ,φ) 来确定，其中 r 为原点 O 与点 P 间的距离；θ 为有向线段 OP 与 Z 轴正向的夹角；φ 为从正 Z 轴来看，自 X 轴按逆时针方向转到 OM 所转过的角，这里 M 为点 P 在 XOY 面上的投影。这三个数 r，θ，φ 称为点 P 的球面坐标。典型球面坐标机器人如图 2-5b 所示。

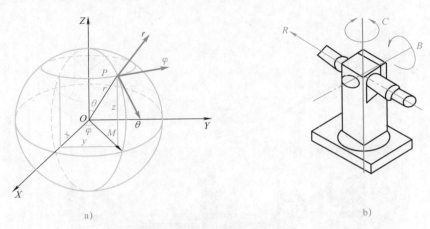

图2-5　球面坐标系及球面坐标机器人

4. 机器人常用坐标系

在机器人学科里经常用参考坐标系和关节坐标系来描述空间机器人的位姿。

（1）参考坐标系　参考坐标系的位置和方向不随机器人各关节的运动而变化，对机器人其他坐标系起参考定位的作用，通常采用三维空间中的固定坐标系 $OXYZ$ 来描述，如图 2-6 所示。在这种坐标系中无论手臂在哪里，X 轴的正向运动就总是在 X 轴的正方向；Y 轴的正向运动就总是在 Y 轴的正向；Z 轴的正向运动就总是在 Z 轴的正向。参考坐标系用来定义机器人相对其他物体的运动以及机器人运动路径等。

（2）关节坐标系　关节坐标系用来描述机器人每一个独立关节的运动。如图 2-7 所示，假设希望将机器人的末端运动到某一个特定的位置，可以每次只运动一个关节，从而把末端引导

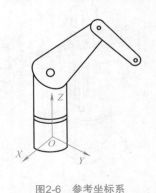

图2-6　参考坐标系

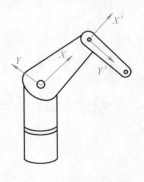

图2-7　关节坐标系

到目标位置上。在这种情况下，每一个关节单独控制，从而每次只有一个关节运动。由于所有关节的类型（移动型、旋转型、球型）不同，机器人末端的动作也各不相同。例如，如果是旋转关节运动，机器人末端将绕着关节的轴旋转。

2.2.2 向量与坐标表示

向量是既有大小又有方向的量（如位移、速度和力等）。常用有向线段表示向量，有向线段的方向表示向量的方向，有向线段的长度表示向量的大小。利用这种方式描述的向量又称为几何向量。常用字母上面加箭头或黑体的形式表示向量，如 $\vec{a}$ 或 $\boldsymbol{a}$。向量 $\boldsymbol{a}$ 的大小称为向量的模或长度，记为 $|\boldsymbol{a}|$。长度为 0 的向量称为零向量，其方向是任意的。长度为 1 的向量称为单位向量。与始点无关的向量称为自由向量。

1. 空间点的表示

如图 2-8 所示，空间点 P 的位置可以用它相对于直角坐标系的三个坐标分量来表示，即

$$P = a\boldsymbol{i} + b\boldsymbol{j} + c\boldsymbol{k}$$

式中，a、b 和 c 是该点在直角坐标系中的三个坐标分量；$\boldsymbol{i}$、$\boldsymbol{j}$ 和 $\boldsymbol{k}$ 是直角坐标三个坐标轴上的单位坐标向量。

显然，也可以用其他坐标系来表示该点在空间的位置。

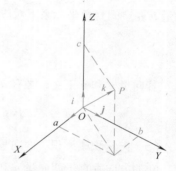

图2-8 空间点 P 在直角坐标系的坐标

2. 空间有向线段的表示

有向线段可以由起始和终止的坐标来表示。如果一个向量起始于点 A，终止于点 B，A_x、A_y 和 A_z 是 A 点在直角坐标系中的三个坐标分量，B_x、B_y 和 B_z 是 B 点在直角坐标系中的三个坐标分量，那么该向量可以表示为

$$\boldsymbol{P}_{AB} = (B_x - A_x)\boldsymbol{i} + (B_y - A_y)\boldsymbol{j} + (B_z - A_z)\boldsymbol{k}$$

特殊情况下，如果一个向量起始于原点（见图 2-8），则有

$$\overrightarrow{OP} = \boldsymbol{P} = a\boldsymbol{i} + b\boldsymbol{j} + c\boldsymbol{k} \tag{2-1}$$

称式（2-1）为向量 $\overrightarrow{OP}$ 的分量式，a，b，c 称为向量 $\overrightarrow{OP}$ 的坐标，称 $\overrightarrow{OP} = \{a, b, c\}$ 为向量 $\overrightarrow{OP}$ 的坐标式。当然向量 $\overrightarrow{OP}$ 也可用 3×1 矩阵来表示，即

$$\boldsymbol{P} = \begin{pmatrix} a \\ b \\ c \end{pmatrix}$$

3. 向量运算

（1）向量相等 模相等、方向一致的两个向量 $\boldsymbol{a}$ 和 $\boldsymbol{b}$ 称为两个向量相等，记为 $\boldsymbol{a} = \boldsymbol{b}$。

（2）标量与向量相乘　标量 a 与向量 $\boldsymbol{a}$ 的积为一个向量，记为 $c = aa$，其方向与向量 $\boldsymbol{a}$ 一致，模是它的 a 倍。

（3）向量与向量相加　两个向量 $\boldsymbol{a}$ 和 $\boldsymbol{b}$ 的和为一个向量，记为 $c = \boldsymbol{a}+\boldsymbol{b}$，它与向量 $\boldsymbol{a}$ 和 $\boldsymbol{b}$ 的关系遵循平行四边形法则。

（4）点积或标量积　两个向量 $\boldsymbol{a}$ 和 $\boldsymbol{b}$ 的点积或标量积是指向量 $\boldsymbol{a}$ 和 $\boldsymbol{b}$ 的模与它们夹角 θ 的余弦之积，记为 $\boldsymbol{a}\cdot\boldsymbol{b}$，读作 "$\boldsymbol{a}$ 点乘 $\boldsymbol{b}$"，其结果是标量。可表示为

$$c = \boldsymbol{a}\cdot\boldsymbol{b} = |\boldsymbol{a}||\boldsymbol{b}|\cos\theta \tag{2-2}$$

或

$$c = \boldsymbol{a}\cdot\boldsymbol{b} = a_x b_x + a_y b_y + a_z b_z$$

式中，$\theta \in [0, 180°]$；a_x、a_y、a_z 表示向量 $\boldsymbol{a}$ 在空间直角坐标系下对应的坐标值；b_x、b_y、b_z 表示向量 $\boldsymbol{b}$ 在空间直角坐标系下对应的坐标值，且

$$\theta = \arccos\left(\frac{\boldsymbol{a}\cdot\boldsymbol{b}}{|\boldsymbol{a}||\boldsymbol{b}|}\right)$$

若向量 $\boldsymbol{u}$ 和 $\boldsymbol{v}$ 正交，必有 $\boldsymbol{u}\cdot\boldsymbol{v} = 0$；对于图 2-8 所示的单位坐标向量有

$$\boldsymbol{i}\cdot\boldsymbol{i} = \boldsymbol{j}\cdot\boldsymbol{j} = \boldsymbol{k}\cdot\boldsymbol{k} = 1,\ \boldsymbol{i}\cdot\boldsymbol{j} = \boldsymbol{j}\cdot\boldsymbol{k} = \boldsymbol{k}\cdot\boldsymbol{i} = 0$$

（5）向量积或叉积　两向量 $\boldsymbol{a}$ 和 $\boldsymbol{b}$ 的叉积为一向量，定义为 $c = \boldsymbol{a}\times\boldsymbol{b}$，读作 "$c$ 等于 $\boldsymbol{a}$ 叉乘 $\boldsymbol{b}$"，它的方向垂直于两向量 $\boldsymbol{a}$ 和 $\boldsymbol{b}$ 构成的平面，且三向量 $\boldsymbol{a}$、$\boldsymbol{b}$、c 正交方向依次遵循右手法则。向量 c 的模为 $|c| = |\boldsymbol{a}||\boldsymbol{b}|\sin\theta$，式中 θ 为两向量 $\boldsymbol{a}$ 和 $\boldsymbol{b}$ 的夹角。计算公式为

$$c = \boldsymbol{a}\times\boldsymbol{b} = \begin{vmatrix} \boldsymbol{i} & \boldsymbol{j} & \boldsymbol{k} \\ a_x & a_y & a_z \\ b_x & b_y & b_z \end{vmatrix}$$

式中，a_x、a_y、a_z 表示向量 $\boldsymbol{a}$ 在空间直角坐标系下对应的坐标值；b_x、b_y、b_z 表示向量 $\boldsymbol{b}$ 在空间直角坐标系下对应的坐标值。

若向量 $\boldsymbol{u}$ 和 $\boldsymbol{v}$ 平行，必有 $\boldsymbol{u}\times\boldsymbol{v} = 0$。对于图 2-8 所示的单位坐标向量有

$$\boldsymbol{i}\times\boldsymbol{i} = \boldsymbol{j}\times\boldsymbol{j} = \boldsymbol{k}\times\boldsymbol{k} = 0,\ \boldsymbol{i}\times\boldsymbol{j} = \boldsymbol{k},\ \boldsymbol{j}\times\boldsymbol{k} = \boldsymbol{i},\ \boldsymbol{k}\times\boldsymbol{i} = \boldsymbol{j}$$

2.2.3　坐标系关系描述

空间中任意点 P 或向量在不同坐标系的描述是不同的，为了阐述从一个坐标系到另一个坐标系的描述关系，需要讨论两坐标系的位姿（位置和姿态）关系。

坐标系通常由三个互相正交的轴来表示（例如 X、Y 和 Z）。由于在任意给定空间内可能有多个坐标系，因此定义 $OXYZ$（简称 $\{O\}$ 系）为固定的全局参考坐标系；用 $O_bX_bY_bZ_b$（简称 $\{b\}$ 系）来表示运动的刚体坐标系。下面分两种情况来描述两坐标系之间的位姿关系。

1. 共原点

如图 2-9 所示，设 $\{O\}$ 系和 $\{b\}$ 系共原点，$\boldsymbol{i}$, $\boldsymbol{j}$ 和 $\boldsymbol{k}$ 是 $\{O\}$ 系的三个正交轴单位向量，$\boldsymbol{i}_b$, $\boldsymbol{j}_b$ 和 $\boldsymbol{k}_b$ 是 $\{b\}$ 系的三个正交轴单位向量，那么这两个坐标系的位姿关系可以用下列 3×3 方阵来描述：

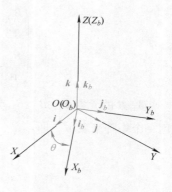

$$A = \begin{pmatrix} A_{11} & A_{12} & A_{13} \\ A_{21} & A_{22} & A_{23} \\ A_{31} & A_{32} & A_{33} \end{pmatrix} = \begin{pmatrix} \boldsymbol{i} \cdot \boldsymbol{i}_b & \boldsymbol{i} \cdot \boldsymbol{j}_b & \boldsymbol{i} \cdot \boldsymbol{k}_b \\ \boldsymbol{j} \cdot \boldsymbol{i}_b & \boldsymbol{j} \cdot \boldsymbol{j}_b & \boldsymbol{j} \cdot \boldsymbol{k}_b \\ \boldsymbol{k} \cdot \boldsymbol{i}_b & \boldsymbol{k} \cdot \boldsymbol{j}_b & \boldsymbol{k} \cdot \boldsymbol{k}_b \end{pmatrix} \quad （2\text{-}3）$$

图2-9 共原点情况

可见，方阵 A 的元素 A_{ij} 为这两个坐标系的单位坐标向量的点积。由式（2-2）可知，这些点积为单位向量夹角的余弦，这也是将矩阵 A 称为方向余弦阵的原因。通常用式（2-3）表述的方向余弦阵来描述共原点的两坐标系的位姿关系。

为便于记忆，可制作成表 2-1。

表 2-1 方向余弦阵元素排列表

点积（余弦值）		运动坐标系三正交轴单位向量		
		$\boldsymbol{i}_b$	$\boldsymbol{j}_b$	$\boldsymbol{k}_b$
固定坐标系三正交轴单位向量	$\boldsymbol{i}$	$A_{11}（\boldsymbol{i} \cdot \boldsymbol{i}_b）$	$A_{12}（\boldsymbol{i} \cdot \boldsymbol{j}_b）$	$A_{13}（\boldsymbol{i} \cdot \boldsymbol{k}_b）$
	$\boldsymbol{j}$	$A_{21}（\boldsymbol{j} \cdot \boldsymbol{i}_b）$	$A_{22}（\boldsymbol{j} \cdot \boldsymbol{j}_b）$	$A_{23}（\boldsymbol{j} \cdot \boldsymbol{k}_b）$
	$\boldsymbol{k}$	$A_{31}（\boldsymbol{k} \cdot \boldsymbol{i}_b）$	$A_{32}（\boldsymbol{k} \cdot \boldsymbol{j}_b）$	$A_{33}（\boldsymbol{k} \cdot \boldsymbol{k}_b）$

方向余弦阵具有以下基本性质：

1）方向余弦阵为一正交阵。矩阵中每行和每列中元素的平方和为 1，两个不同列或不同行中对应元素的乘积之和为 0。

2）$\{A\}$ 系相对 $\{B\}$ 系的方向余弦阵与 $\{B\}$ 系相对 $\{A\}$ 系的方向余弦阵互为转置。

3）当且仅当两坐标系两两方向一致时，则它们的方向余弦阵为一个三阶单位阵。

2. 不共原点

如图 2-10 所示，固定坐标系 $\{O\}$ 和运动坐标系 $\{b\}$ 不共原点，可用下列矩阵来描述这两个坐标系之间的位姿关系，即

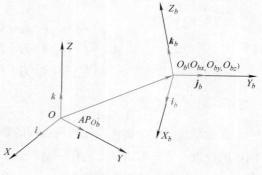

图2-10 不共原点

$$B = \begin{pmatrix} B_{11} & B_{12} & B_{13} & B_{14} \\ B_{21} & B_{22} & B_{23} & B_{24} \\ B_{31} & B_{32} & B_{33} & B_{34} \\ 0 & 0 & 0 & 1 \end{pmatrix} = \begin{pmatrix} i \cdot i_b & i \cdot j_b & i \cdot k_b & O_{bx} \\ j \cdot i_b & j \cdot j_b & j \cdot k_b & O_{by} \\ k \cdot i_b & k \cdot j_b & k \cdot k_b & O_{bz} \\ 0 & 0 & 0 & 1 \end{pmatrix} \tag{2-4}$$

矩阵 B 的元素 B_{14}、B_{24}、B_{34} 分别表示运动坐标系 $\{b\}$ 的原点 O_b 在固定坐标系 $\{O\}$ 的坐标值，若用一个矩阵来表示，即

$$O_b^O = \begin{pmatrix} O_{bx} \\ O_{by} \\ O_{bz} \end{pmatrix}$$

则矩阵 B 可简化表示为

$$B = \begin{pmatrix} A & O_b^O \\ 0 & 1 \end{pmatrix}$$

也就是说，方向余弦阵 A 表示两坐标系的姿态关系，位置向量 O_b^O 表示运动坐标系 $\{b\}$ 的原点 O_b 在固定坐标系 $\{O\}$ 的位置。

例 2-1 如图 2-9 所示，$\{O\}$ 系为一固定坐标系，$\{b\}$ 系为一运动坐标系。初始状态为：运动坐标系 $\{b\}$ 的初始位姿与 $\{O\}$ 系重合。但经过一定时间后，$\{b\}$ 系开始运动，最终 $\{b\}$ 系相对于 $\{O\}$ 系的 Z 轴逆时针旋转了 $\theta = 30°$，试用方向余弦阵 A 分别表示运动初始和运动终了两个状态时的两坐标系的位姿关系。

解 1）运动初始状态。根据方向余弦阵的基本性质可知，两坐标系完全重合，其方向余弦阵 A 就是一个三阶单位阵，即

$$A = \begin{pmatrix} 1 & 0 & 0 \\ 0 & 1 & 0 \\ 0 & 0 & 1 \end{pmatrix}$$

2）运动终了状态。根据式（2-3），可写出方向余弦阵 A 为

$$A = \begin{pmatrix} i \cdot i_b & i \cdot j_b & i \cdot k_b \\ j \cdot i_b & j \cdot j_b & j \cdot k_b \\ k \cdot i_b & k \cdot j_b & k \cdot k_b \end{pmatrix} = \begin{pmatrix} 0.866 & -0.5 & 0 \\ 0.5 & 0.866 & 0 \\ 0 & 0 & 1 \end{pmatrix}$$

2.2.4 刚体的表示

在运动过程中，物体内任意两点间的距离保持不变的物体称为刚体。在机器人学里，任一刚体的位置、姿态可由其上的任一基准点（通常选作物体的质心）和过该点的坐标系相对于参考坐标系的相对关系来确定。

如图 2-11 所示，设有一运动椭圆刚体 A，选其上的圆心点 O_b 为基准点，长轴为 y_b 轴，短轴为 x_b，椭圆面的法向为 z_b，可构建坐标系 $O_bX_bY_bZ_b$。再选一固定坐标系 $\{O\}$，于是，该椭圆刚体 A 的空间位置和姿态可由式（2-4）所示矩阵来表示出，即

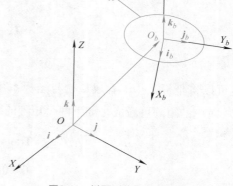

$$B_b^o = \begin{pmatrix} \boldsymbol{i} \cdot \boldsymbol{i}_b & \boldsymbol{i} \cdot \boldsymbol{j}_b & \boldsymbol{i} \cdot \boldsymbol{k}_b & d_x \\ \boldsymbol{j} \cdot \boldsymbol{i}_b & \boldsymbol{j} \cdot \boldsymbol{j}_b & \boldsymbol{j} \cdot \boldsymbol{k}_b & d_y \\ \boldsymbol{k} \cdot \boldsymbol{i}_b & \boldsymbol{k} \cdot \boldsymbol{j}_b & \boldsymbol{k} \cdot \boldsymbol{k}_b & d_z \\ 0 & 0 & 0 & 1 \end{pmatrix} = \begin{pmatrix} \boldsymbol{A}_b^o & \boldsymbol{O}_b^o \\ 0 & 1 \end{pmatrix}$$

其中　　　$$\boldsymbol{A}_b^o = \begin{pmatrix} \boldsymbol{i} \cdot \boldsymbol{i}_b & \boldsymbol{i} \cdot \boldsymbol{j}_b & \boldsymbol{i} \cdot \boldsymbol{k}_b \\ \boldsymbol{j} \cdot \boldsymbol{i}_b & \boldsymbol{j} \cdot \boldsymbol{j}_b & \boldsymbol{j} \cdot \boldsymbol{k}_b \\ \boldsymbol{k} \cdot \boldsymbol{i}_b & \boldsymbol{k} \cdot \boldsymbol{j}_b & \boldsymbol{k} \cdot \boldsymbol{k}_b \end{pmatrix}, \quad \boldsymbol{O}_b^o = \begin{pmatrix} d_x \\ d_y \\ d_z \end{pmatrix}$$

图2-11 椭圆刚体 A 的位置确定

2.3　坐标变换

变换定义为在空间产生运动。当空间的坐标系（向量、物体或运动坐标系）相对于固定的参考坐标系运动时，这一运动可以用类似于表示坐标系的方式来表示。这是因为变换本身就是坐标系状态的变化（表示坐标系位姿的变化）。变换坐标可为如下几种形式的一种：①纯平移坐标变换；②绕一个轴的纯旋转；③平移与旋转的组合。

2.3.1　纯平移坐标变换

如图 2-12 所示，设有一固定的直角坐标系 $OXYZ$（简称 $\{O\}$ 系）和一运动的直角坐标系 $O_bX_bY_bZ_b$（简称 $\{b\}$ 系）具有相同的方位，但 $\{O\}$ 系的原点与 $\{b\}$ 系的原点不重合，用位置向量 ${}^oP_{O_b}$ 描述 $\{b\}$ 系相对 $\{O\}$ 系的位置，称 ${}^oP_{O_b}$ 为 $\{b\}$ 系相对 $\{O\}$ 系的平移向量，且

$$^oP_{O_b} = \begin{pmatrix} d_x \\ d_y \\ d_z \end{pmatrix}$$

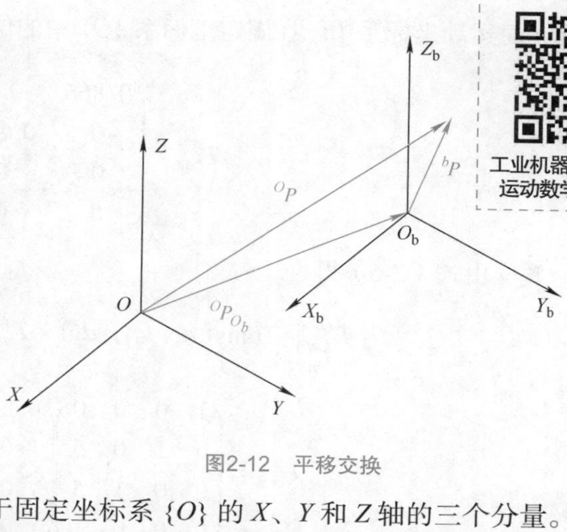

图2-12 平移交换

其中，d_x、d_y 和 d_z 是平移向量 ${}^oP_{O_b}$ 相对于固定坐标系 $\{O\}$ 的 X、Y 和 Z 轴的三个分量。如果点 P 在 $\{b\}$ 系中的位置为 ${}^bP$，那么它相对于 $\{O\}$ 系的位置向量 ${}^oP$ 可由向量相加得出，即

$$^{O}\boldsymbol{P} = {}^{b}\boldsymbol{P} + {}^{O}\boldsymbol{P}_{O_b} \tag{2-5}$$

式（2-5）称为坐标平移方程。式（2-4）所示的 {b} 系在 {O} 系的位姿可简单表示为

$$\boldsymbol{T}_{b}^{O} = \begin{pmatrix} 1 & 0 & 0 & d_x \\ 0 & 1 & 0 & d_y \\ 0 & 0 & 1 & d_z \\ 0 & 0 & 0 & 1 \end{pmatrix}$$

也可以将坐标系 {b} 看成最初与坐标系 {O} 重合，然后平移到图 2-12 所示位置。那么坐标系 {b} 对应的矩阵可看成是如下两个矩阵的乘积，即

$$\boldsymbol{T}_{bnew}^{O} = \text{Trans}(d_x, d_y, d_z) \times \boldsymbol{T}_{bold}^{O} \tag{2-6}$$

其中
$$\text{Trans}(d_x, d_y, d_z) = \begin{pmatrix} 1 & 0 & 0 & d_x \\ 0 & 1 & 0 & d_y \\ 0 & 0 & 1 & d_z \\ 0 & 0 & 0 & 1 \end{pmatrix}, \boldsymbol{T}_{bold}^{O} = \begin{pmatrix} 1 & 0 & 0 & 0 \\ 0 & 1 & 0 & 0 \\ 0 & 0 & 1 & 0 \\ 0 & 0 & 0 & 1 \end{pmatrix}$$

$\boldsymbol{T}_{bold}^{O}$ 矩阵表示坐标系 {b} 最初在坐标系 {O} 的位姿，而 $\boldsymbol{T}_{bnew}^{O}$ 矩阵表示坐标系 {b} 最终在坐标系 {O} 中的位姿。

首先，新坐标系位姿可通过在原坐标系矩阵前面左乘平移变换矩阵得到。其次，方向向量经过平移后保持不变。最后，这种坐标变换便于用矩阵乘法进行变换计算，并使得到的新矩阵的维数与变换前相同。

例 2.2 初始状态：运动坐标系 {b} 在固定坐标系 {O} 的位姿为 $\boldsymbol{T}_{bold}^{O}$。经过一段时间后，运动坐标系 {b} 沿固定坐标系 {O} 的 Y 轴正向移动 5 个单位，沿 Z 轴正向移动 5 个单位。求运动终了时运动坐标系 {b} 在固定坐标系 {O} 中的位姿 $\boldsymbol{T}_{bnew}^{O}$。

$$\boldsymbol{T}_{bold}^{O} = \begin{pmatrix} 0.866 & 0.5 & 0 & 10 \\ -0.5 & 0.866 & 0 & -10 \\ 0 & 0 & 1 & 2 \\ 0 & 0 & 0 & 1 \end{pmatrix}$$

解 由式（2-6）得

$$\boldsymbol{T}_{bnew}^{O} = \text{Trans}(d_x, d_y, d_z) \times \boldsymbol{T}_{bold}^{O} = \text{trans}(0, 5, 5) \times \boldsymbol{T}_{bold}^{O}$$

$$\boldsymbol{T}_{bnew}^{O} = \begin{pmatrix} 1 & 0 & 0 & 0 \\ 0 & 1 & 0 & 5 \\ 0 & 0 & 1 & 5 \\ 0 & 0 & 0 & 1 \end{pmatrix} \begin{pmatrix} 0.866 & 0.5 & 0 & 10 \\ -0.5 & 0.866 & 0 & -10 \\ 0 & 0 & 1 & 2 \\ 0 & 0 & 0 & 1 \end{pmatrix}$$

$$= \begin{pmatrix} 0.866 & 0.5 & 0 & 10 \\ -0.5 & 0.866 & 0 & -5 \\ 0 & 0 & 1 & 7 \\ 0 & 0 & 0 & 1 \end{pmatrix}$$

2.3.2　旋转坐标变换

如图 2-13 所示，旋转前固定坐标系 $\{O\}$ 和运动坐标系 $\{b\}$ 重合，显然 P 点在 $\{O\}$ 系和 $\{b\}$ 系中的坐标值相等。经过一段时间后，运动坐标系 $\{b\}$ 绕 Z 轴逆时针旋转了 θ 角，旋转后 P 点在 $\{O\}$ 系和 $\{b\}$ 系中的坐标值显然不等。但存在如下关系：

$$p_x = p_{xb}\cos\theta - p_{yb}\sin\theta$$

$$p_y = p_{xb}\sin\theta + p_{yb}\cos\theta$$

$$p_z = p_{zb}$$

工业机器人空间刚体
运动数学描述之二

写成矩阵形式为

$$\begin{pmatrix} p_x \\ p_y \\ p_z \end{pmatrix} = \begin{pmatrix} \cos\theta & -\sin\theta & 0 \\ \sin\theta & \cos\theta & 0 \\ 0 & 0 & 1 \end{pmatrix} \begin{pmatrix} p_{xb} \\ p_{yb} \\ p_{zb} \end{pmatrix}$$

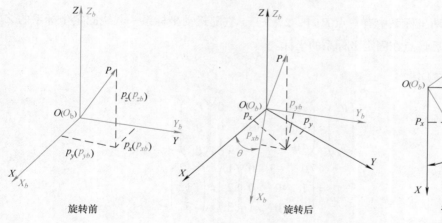

图2-13　绕 Z 轴旋转

可见，旋转后为了得到点 P 在固定参考坐标系 $\{O\}$ 里的坐标矩阵，必须在点 P 运动坐标系 $\{b\}$ 的坐标矩阵的左边乘上一个矩阵，该矩阵也就是绕 Z 轴旋转的旋转矩阵 $\mathrm{Rot}(Z, \theta)$，它可表示为

$$\mathrm{Rot}(Z, \theta) = \begin{pmatrix} \cos\theta & -\sin\theta & 0 \\ \sin\theta & \cos\theta & 0 \\ 0 & 0 & 1 \end{pmatrix}$$

则

$$\begin{pmatrix} p_x \\ p_y \\ p_z \end{pmatrix} = \text{Rot}(Z,\theta) \begin{pmatrix} p_{xb} \\ p_{yb} \\ p_{zb} \end{pmatrix} \tag{2-7}$$

同理，可推出绕 Y 轴旋转的旋转矩阵为

$$\text{Rot}(Y,\theta) = \begin{pmatrix} \cos\theta & 0 & \sin\theta \\ 0 & 1 & 0 \\ -\sin\theta & 0 & \cos\theta \end{pmatrix}$$

则

$$\begin{pmatrix} p_x \\ p_y \\ p_z \end{pmatrix} = \text{Rot}(Y,\theta) \begin{pmatrix} p_{xb} \\ p_{yb} \\ p_{zb} \end{pmatrix} \tag{2-8}$$

绕 X 轴旋转的旋转矩阵为

$$\text{Rot}(X,\theta) = \begin{pmatrix} 1 & 0 & 0 \\ 0 & \cos\theta & -\sin\theta \\ 0 & \sin\theta & \cos\theta \end{pmatrix}$$

或

$$\begin{pmatrix} p_x \\ p_y \\ p_z \end{pmatrix} = \text{Rot}(X,\theta) \begin{pmatrix} p_{xb} \\ p_{yb} \\ p_{zb} \end{pmatrix} \tag{2-9}$$

例 2-3　现运动坐标系中有一点 $P(1,2,3)^{\text{T}}$，它随运动坐标系一起绕固定坐标系的 Z 轴旋转 90°。求旋转后该点在固定坐标系的坐标。

解　由式（2-7）得

$$\begin{pmatrix} p_x \\ p_y \\ p_z \end{pmatrix} = \begin{pmatrix} \cos\theta & -\sin\theta & 0 \\ \sin\theta & \cos\theta & 0 \\ 0 & 0 & 1 \end{pmatrix} \begin{pmatrix} p_{xb} \\ p_{yb} \\ p_{zb} \end{pmatrix}$$

$$= \begin{pmatrix} 0 & -1 & 0 \\ 1 & 0 & 0 \\ 0 & 0 & 1 \end{pmatrix} \begin{pmatrix} 1 \\ 2 \\ 3 \end{pmatrix} = \begin{pmatrix} -2 \\ 1 \\ 3 \end{pmatrix}$$

2.3.3　复合坐标变换

工业机器人空间刚体
运动数学描述之三

对于一般的情形，运动坐标系 $\{b\}$ 与固定坐标系 $\{O\}$ 的原点既不重合，方位也不相同。但两者的关系可通过一定的变换实现。这种变换就是复合变换，它是由固定坐标系的一系列沿轴平移变换和绕轴旋转变换所组成的。任何变换都可以分解为按一定顺序的一组平移变换和旋转变换。例如，为了完成所要求的变换，可以先绕 X 轴旋转，再沿 X、Y 和 Z 轴平移，最后再绕 Z 轴旋转。但一般情况下这种变换顺序很重要，如果颠倒两个依次变换的顺序，结果将会有所不同。

为探讨如何处理复合变换，假定运动坐标系 $\{b\}$ 相对于固定坐标系 $\{O\}$ 依次进行了下面三个变换：

1）首先绕 X 轴旋转 α 角。

2）然后分别沿 X、Y 和 Z 轴平移 d_x、d_y 和 d_z。

3）最后绕 Y 轴旋转 β 角。

根据式（2-9）、式（2-6）和式（2-8）可分别写出每步变换后的位姿矩阵，即

$$\boldsymbol{T}_{b1}^{O}=\mathrm{Rot}\,(X,\ \alpha)\times \boldsymbol{T}_{b0}^{O}$$

$$\boldsymbol{T}_{b2}^{O}=\mathrm{Trans}\,(d_x,\ d_y,\ d_z)\times \boldsymbol{T}_{b1}^{O}$$

$$\boldsymbol{T}_{b3}^{O}=\mathrm{Rot}\,(Y,\ \beta)\times \boldsymbol{T}_{b2}^{O}$$

即

$$\boldsymbol{T}_{b3}^{O}=\mathrm{Rot}\,(Y,\ \beta)\times \mathrm{Trans}\,(d_x,\ d_y,\ d_z)\times \mathrm{Rot}\,(X,\ \alpha)\times \boldsymbol{T}_{b0}^{O}$$

可见，每次变换后，该点相对于固定坐标系的坐标都是通过用相应的每个变换矩阵左乘该点的坐标得到的。

例 2-4 现运动坐标系中有一点 $P\,(1,\ 2,\ 3)^{\mathrm{T}}$，经历了如下变换，求出变换后该点在固定坐标系中的坐标。

1）首先绕 X 轴旋转 $90°$。

2）然后分别沿 X、Y 和 Z 轴平移 1、0 和 0。

3）最后绕 Z 轴旋转 $90°$。

解 根据式（2-9）、式（2-6）和式（2-7）写出该变换矩阵为

$$\begin{pmatrix} p_x \\ p_y \\ p_z \\ 1 \end{pmatrix} = \mathrm{Rot}(Z,90°)\times \mathrm{Trans}(1,0,0)\times \mathrm{Rot}(X,90°)\times \begin{pmatrix} p_{xb} \\ p_{yb} \\ p_{zb} \\ 1 \end{pmatrix}$$

$$= \begin{pmatrix} 0 & -1 & 0 & 0 \\ 1 & 0 & 0 & 0 \\ 0 & 0 & 1 & 0 \\ 0 & 0 & 0 & 1 \end{pmatrix}\begin{pmatrix} 1 & 0 & 0 & 1 \\ 0 & 1 & 0 & 0 \\ 0 & 0 & 1 & 0 \\ 0 & 0 & 0 & 1 \end{pmatrix}\begin{pmatrix} 1 & 0 & 0 & 0 \\ 0 & 0 & -1 & 0 \\ 0 & 1 & 0 & 0 \\ 0 & 0 & 0 & 1 \end{pmatrix}\begin{pmatrix} 1 \\ 2 \\ 3 \\ 1 \end{pmatrix}$$

$$= \begin{pmatrix} 3 \\ 2 \\ 2 \\ 1 \end{pmatrix}$$

上述结果可用图 2-14 验证。

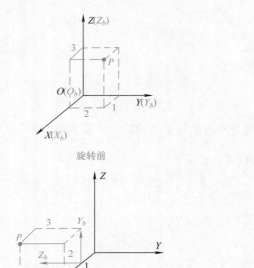

旋转前　　　　　　　　　　　绕X轴旋转90°

沿X轴移动1个单位　　　　　　　绕Z轴旋转90°

图2-14　例2-4图

例 2-5　在例 2-4 中，已知条件不变，但变换顺序发生了以下变动，求出变换后该点在固定坐标系中的坐标。

1）首先绕 Z 轴旋转 90°。

2）然后分别沿 X、Y 和 Z 轴平移 1、0 和 0。

3）最后绕 X 轴旋转 90°。

解　根据式（2-7）、式（2-6）和式（2-9）写出该变换矩阵为

$$
\begin{pmatrix} p_x \\ p_y \\ p_z \\ 1 \end{pmatrix} = \mathrm{Rot}(X,90°) \times \mathrm{Trans}(1,0,0) \times \mathrm{Rot}(Z,90°) \times \begin{pmatrix} p_{xb} \\ p_{yb} \\ p_{zb} \\ 1 \end{pmatrix}
$$

$$
= \begin{pmatrix} 1 & 0 & 0 & 0 \\ 0 & 0 & -1 & 0 \\ 0 & 1 & 0 & 0 \\ 0 & 0 & 0 & 1 \end{pmatrix} \begin{pmatrix} 1 & 0 & 0 & 1 \\ 0 & 1 & 0 & 0 \\ 0 & 0 & 1 & 0 \\ 0 & 0 & 0 & 1 \end{pmatrix} \begin{pmatrix} 0 & -1 & 0 & 0 \\ 1 & 0 & 0 & 0 \\ 0 & 0 & 1 & 0 \\ 0 & 0 & 0 & 1 \end{pmatrix} \begin{pmatrix} 1 \\ 2 \\ 3 \\ 1 \end{pmatrix}
$$

$$
= \begin{pmatrix} -1 \\ -3 \\ 1 \\ 1 \end{pmatrix}
$$

上述结果可用图 2-15 验证。

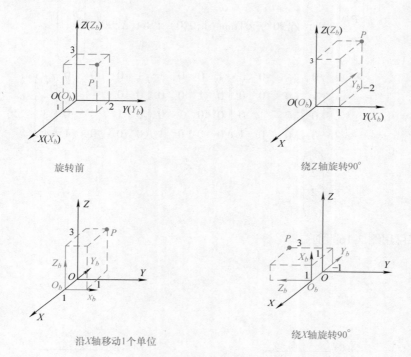

旋转前   绕 Z 轴旋转 $90°$

沿 X 轴移动1个单位   绕 X 轴旋转 $90°$

图2-15　例2-5图

从例 2-4 和例 2-5 不难发现，尽管所有的变换完全相同，但由于变换的顺序变了，该点在固定坐标系中的坐标值完全不同。可见，坐标变换必须严格按照变换顺序进行，也就是说矩阵的乘法一般情况下不满足交换律。

2.3.4　相对于运动坐标系的变换

前面所探讨的坐标变换均是相对固定坐标系进行变换的。然而在实际使用中，也有可能相对运动坐标系来变换。为计算方便，在此需要提出，原来的矩阵左乘现在变为矩阵右乘就可以了。

例 2-6　在例 2-4 中，已知条件不变，但变换参照发生了以下变动，求出变换后该点在固定坐标系中的坐标。

1）首先绕 Z_b 轴旋转 $90°$。

2）然后分别沿 X_b、Y_b 和 Z_b 轴平移 1、0 和 0。

3）最后绕 X_b 轴旋转 $90°$。

解　由于坐标变换是相对运动坐标系的，所以该变换矩阵为

$$\begin{pmatrix} p_x \\ p_y \\ p_z \\ 1 \end{pmatrix} = \text{Rot}(Z,90°) \times \text{Trans}(1,0,0) \times \text{Rot}(X,90°) \begin{pmatrix} p_{xb} \\ p_{yb} \\ p_{zb} \\ 1 \end{pmatrix}$$

$$= \begin{pmatrix} 0 & -1 & 0 & 0 \\ 1 & 0 & 0 & 0 \\ 0 & 0 & 1 & 0 \\ 0 & 0 & 0 & 1 \end{pmatrix} \begin{pmatrix} 1 & 0 & 0 & 1 \\ 0 & 1 & 0 & 0 \\ 0 & 0 & 1 & 0 \\ 0 & 0 & 0 & 1 \end{pmatrix} \begin{pmatrix} 1 & 0 & 0 & 0 \\ 0 & 0 & -1 & 0 \\ 0 & 1 & 0 & 0 \\ 0 & 0 & 0 & 1 \end{pmatrix} \begin{pmatrix} 1 \\ 2 \\ 3 \\ 1 \end{pmatrix}$$

$$= \begin{pmatrix} 3 \\ 2 \\ 2 \\ 1 \end{pmatrix}$$

上述结果可用图 2-16 验证。

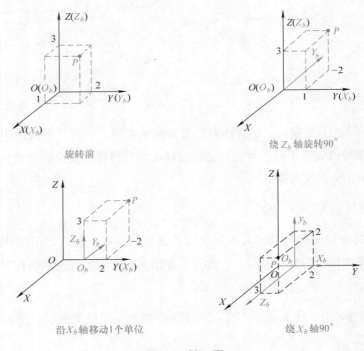

图2-16 例2-6图

2.3.5 坐标逆变换

2.1.1 节所提及的可逆矩阵在机器人坐标变换中有着十分重要的作用。根据方向余弦阵的性质可知，方向余弦阵为一正交阵，其转置矩阵与可逆矩阵是相等的。

如图 2-17 所示，假设机器人要在零件 P 上钻孔，则机器人末端执行器必须向 P 处移动。一般情况下，机器人的基座是固定的，因此可用固定坐标系 $\{O\}$ 来描述机器人基座，机器人末端执行器用运动坐标系 {b} 来描述，待加工零件用另一坐标系 {P} 来描述（一般情况下，它相对固定坐标系 {O} 的位姿也是已知的）。

因此待加工零件 P 的位置可通过两条路径来获取：一条是直接通过固定坐标系 {O} 到待加工零件坐标系 {P}，正如刚才而言，其在固定坐标系 {O} 内的位姿是已知的；另一条是从固定坐标系 {O} 变换到末端执行器坐标系，即运动坐标系 {b}，然后再从运动坐标系 {b} 变换到待加工零件坐标系 {P}。因此可写出

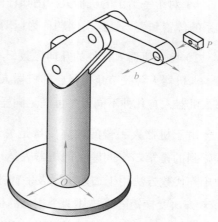

$$^{O}\boldsymbol{T}_{P}=^{O}\boldsymbol{T}_{b}\,^{b}\boldsymbol{T}_{P}$$

矩阵 $^{O}\boldsymbol{T}_{b}$ 就是工业机器人运动学正逆解所必需的，也是作为控制机器人的基本依据。要求得 $^{O}\boldsymbol{T}_{b}$，必须引入可逆矩阵 $^{b}\boldsymbol{T}_{P}^{-1}$，即

图2-17　机器人在零件上钻孔

$$^{O}\boldsymbol{T}_{P}\,^{b}\boldsymbol{T}_{P}^{-1}=^{O}\boldsymbol{T}_{b}\,^{b}\boldsymbol{T}_{P}\,^{b}\boldsymbol{T}_{P}^{-1}$$

故

$$^{O}\boldsymbol{T}_{P}\,^{b}\boldsymbol{T}_{P}^{-1}=^{O}\boldsymbol{T}_{b}$$

因此在求解 $^{O}\boldsymbol{T}_{b}$ 时，有时会很复杂，往往可以采取求另一位姿矩阵的可逆矩阵来进行上述处理。关于可逆矩阵的解法在《线性代数》相关教材里有详细的介绍，此处不再赘述。

2.4　机器人运动学

2.4.1　机器人运动学概述

机器人运动学涉及机器人相对于固定坐标系运动几何学关系的分析和研究，而与产生该运动所需的力或力矩无关。因此，机器人运动学涉及机器人空间位移作为时间函数的解析说明，特别是机器人末端执行器的位置和姿态与关节变量之间的关系。

工业机器人
运动学概述

机器人，特别是具有代表性的关节机器人，实质上是由一系列关节连接而成的空间连杆开式链机构。机器人的运动学可用一个开环关节链来建模，此链由数个刚体（杆件）以驱动器驱动的转动或移动关节串联而成。开环关节链的一端固定在机座上，另一端是自由的，安装着工具，用以操作物体或完成装配作业。关节的相对运动导致杆件的运动，使末端执行器定位于所需的方位上。在很多机器人应用问题中，人们感兴趣的是操作机构末端执行器相对固定参考坐标系的空间描述。

机器人运动学的基本问题可归纳如下：

1）对于一给定的机器人，已知杆件几何参数和关节向量，求机器人末端执行器相对参考坐标系的位置和姿态。这类问题称为运动学正问题（直接问题）。

2）已知机器人杆件的几何参数，给定了机器人末端执行器相对参考坐标系的期望位置和姿态，求机器人各关节角向量，即机器人各关节要如何运动才能达到这个预期的位姿？如能达到，那么机器人有几种不同形态可满足同样的条件？这类问题称为运动学逆问题（解臂形问题）。

由于机器人手臂的独立变量是关节变量，但作业通常是用固定坐标系来描述的，所以常常碰到的是第二个问题，即机器人运动学逆问题。1955 年，Denavit 和 Hartenberg 曾提出了一种矩阵代数方法用于描述机器人手臂杆件相对固定参考坐标系的空间几何关系。这种方法使用 4×4 齐次变换矩阵来描述两个相邻的机械刚性构件间的空间几何关系，把正向运动学问题简化为寻求等价的 4×4 齐次变换矩阵，此矩阵把手臂坐标系的空间位移与参考坐标系联系起来，并且该矩阵还可用于推导手臂运动的动力学方程。而运动学逆向问题可采用如矩阵代数、迭代或几何方法来解决。

为了使问题简单易懂，以两自由度的机器人的手爪为例来说明。图 2-18 所示为两自由度机器人手部的连杆机构。由于其运动主要由各连杆机构来决定，所以在进行机器人运动学分析时，一般是把驱动器及减速器的元件去除后再分析。

图 2-18 中的连杆机构是两杆件通过转动副连接的关节机构，通过一定的连杆长度 L_1、L_2 以及关节角 θ_1、θ_2 可以定义该连杆机构。在分析机器人末端执行器的运动时，则应考虑图中黑点 P 的位置。从几何学的观点来处理这个手指位置与关节变量的关系称为运动学。这里引入向量分别表示末端执行器位置 r 和关节变量 θ，即

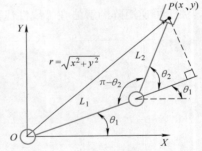

图2-18　两自由度机器人手部的连杆机构

$$r = \begin{pmatrix} x \\ y \end{pmatrix}, \ \theta = \begin{pmatrix} \theta_1 \\ \theta_2 \end{pmatrix}$$

因此，利用上述两个向量来描述图 2-18 所示的两连杆机器人的运动学问题。末端执行器位置的各分量，按几何学可表示为

$$x = L_1 \cos\theta_1 + L_2 \cos(\theta_1 + \theta_2)$$

$$y = L_1 \sin\theta_1 + L_2 \sin(\theta_1 + \theta_2)$$

用向量可表示为

$$r = f(\theta) \tag{2-10}$$

式中，f 表示向量函数。

显然，已知机器人的关节变量 θ，求其末端执行器位置 r 的运动学问题称为正运动学。式（2-10）被称为运动方程式。如果给定机器人末端执行器位置 r，为了达到这个预期的位姿，求机器人的关节变量 θ 的运动学问题称为逆运动学。其运动方程式可以通过以下分析得到。

如图 2-18 所示，根据图中描述的几何关系，由余弦定理可得

$$\theta_1 = \arctan\left(\frac{y}{x}\right) - \arccos\left(\frac{L_2^2 - L_1^2 - x^2 - y^2}{2L_1\sqrt{x^2+y^2}}\right)$$

$$\theta_2 = \pi - \arccos\left(\frac{x^2 + y^2 - L_1^2 - L_2^2}{2L_1 L_2}\right)$$

同样，如果用向量表示上述关系式，其一般可表示为

$$\theta = f^{-1}(r) \tag{2-11}$$

上述的正运动学、逆运动学统称为运动学。对式（2-11）的两边微分即可得到机器人末端执行器的速度和关节角的关系；若再进一步进行微分，可得到机器人末端执行器的加速度和关节角的关系。处理这些关系也是机器人运动学的问题。

2.4.2 位置的正逆运动学方程

根据前面介绍的内容可知，要确定一个刚体在空间的位姿，需要在该刚体上固连一个坐标系（因刚体在空间需按不同要求运动，因此该坐标系一般称为运动坐标系），然后通过描述该坐标系的原点在固定坐标系的位置（三个自由度）以及该坐标系相对固定坐标系的姿态（三个自由度），总共需要六个自由度或六个信息来完整定义或描述该刚体在固定坐标系中的位姿。同理，如果要确定机器人末端执行器在空间的位姿，也必须在末端执行器上固连一个坐标系来确定末端执行器在空间的位姿，这正是机器人正运动学方程所要完成的任务。机器人实现这一过程主要由如下两步来完成：

1）首先在固定坐标系中移动机器人末端执行器到达预定的位置，即先确定位置的正逆运动学方程。

2）机器人末端执行器到达指定位置后，调整末端执行器姿态，以适应或满足期望的姿态，理论上机器人末端执行器在固定坐标系中的位姿与工作目标在固定坐标系的位姿完全一致，即确定姿态的正逆运动学方程。

位置的正逆运动学方程需根据工业机器人不同的坐标构型来确定，下面就探讨几种构型的情况。

1. 直角坐标系型

在这种情况下，有三个沿 X、Y、Z 轴的线性运动，这一类型机器人的所有驱动都是线性的（如液压缸或线性动力丝杠），这时机器人末端执行器通过三个线性关节分别沿三个轴的运动来完成。在直角坐标系中，表示机器人末端执行器位置的正运动学变换矩阵为

$$^{O}\boldsymbol{T}_{b-\mathrm{dec}} = \mathrm{Trans}(d_x, d_y, d_z) = \begin{pmatrix} 1 & 0 & 0 & d_x \\ 0 & 1 & 0 & d_y \\ 0 & 0 & 1 & d_z \\ 0 & 0 & 0 & 1 \end{pmatrix} \tag{2-12}$$

式中，d_x、d_y 和 d_z 就是三个线性关节分别在 X、Y 和 Z 轴上的关节平移变量。

其逆运动学求解，只需简单设定期望的位置即可。

例 2-7 要求固连在直角坐标机器人末端执行器上的运动坐标系 {b} 的原点定位在固定坐标系上的点 $P = (3, 4, 5)^{\mathrm{T}}$ 处，试计算运动坐标系 {b} 相对固定坐标系 {O} 所需要的移动量或各关节变量。

解 根据式（2-12）可得其正运动学变换矩阵，即

$$^{O}\boldsymbol{T}_{b} = \begin{pmatrix} 1 & 0 & 0 & 3 \\ 0 & 1 & 0 & 4 \\ 0 & 0 & 1 & 5 \\ 0 & 0 & 0 & 1 \end{pmatrix}$$

由此矩阵可得到

$$d_x = 3、d_y = 4 \text{ 和 } d_z = 5$$

2. 圆柱坐标系型

如图 2-4 所示，圆柱坐标系包括三个关节变量，分别是两个线性关节平移变量和一个旋转关节变量。其坐标变换顺序如下：

1）首先沿固定坐标系的 X 轴移动 d_x。

2）然后绕固定坐标系的 Z 轴旋转 γ 角。

3）最后沿固定坐标系的 Z 轴移动 d_z。

这三个坐标变换建立了机器人末端执行器上的运动坐标系到固定坐标系之间的联系。由于这三个变换都是相对固定坐标系的坐标轴的，因此由这三个变换所产生的总变换可通过依次左乘每个对应变换矩阵而求得

$$^{O}\boldsymbol{T}_{b-\mathrm{cyl}} = \mathrm{Trans}(0, 0, d_z)\,\mathrm{Rot}(Z, \gamma)\,\mathrm{Trans}(d_x, 0, 0) \tag{2-13}$$

$$
{}^{O}\boldsymbol{T}_{b} = \begin{pmatrix} 1 & 0 & 0 & 0 \\ 0 & 1 & 0 & 0 \\ 0 & 0 & 1 & d_z \\ 0 & 0 & 0 & 1 \end{pmatrix} \begin{pmatrix} \cos\gamma & -\sin\gamma & 0 & 0 \\ \sin\gamma & \cos\gamma & 0 & 0 \\ 0 & 0 & 1 & 0 \\ 0 & 0 & 0 & 1 \end{pmatrix} \begin{pmatrix} 1 & 0 & 0 & d_x \\ 0 & 1 & 0 & 0 \\ 0 & 0 & 1 & 0 \\ 0 & 0 & 0 & 1 \end{pmatrix}
$$

$$
{}^{O}\boldsymbol{T}_{b} = \begin{pmatrix} \cos\gamma & -\sin\gamma & 0 & d_x\cos\gamma \\ \sin\gamma & \cos\gamma & 0 & d_x\sin\gamma \\ 0 & 0 & 1 & d_z \\ 0 & 0 & 0 & 1 \end{pmatrix} \tag{2-14}
$$

例 2-8 假设要将圆柱坐标机器人末端执行器上的运动坐标系原点放在 $(3，4，7)^T$ 处，试计算该机器人的三个关节变量。

解 根据式（2-14）可知，$d_z = 7$ 和方程组

$$
\begin{cases} d_x\cos\gamma = 3 \\ d_x\sin\gamma = 4 \end{cases}
$$

求解此方程组，即

$$
\begin{cases} \gamma = 53.13° \\ d_x = 5 \end{cases} \quad \text{或} \quad \begin{cases} \gamma = 233.13° \\ d_x = -5 \end{cases}
$$

最后解为

$$
\begin{cases} d_x = 5 \\ \gamma = 53.13° \\ d_z = 7 \end{cases} \quad \text{或} \quad \begin{cases} d_x = -5 \\ \gamma = 233.13° \\ d_z = 7 \end{cases}
$$

可见圆柱坐标机器人末端执行器运动坐标系原点位置求解较直角坐标系型更复杂，既要求解方程组，还要判断角度所处的象限。

此题中需注意：由于 $d_x\cos\gamma$ 和 $d_x\sin\gamma$ 都是正的，不一定得出 d_x 也是正的。一般情况下，若知道一个角度 γ 的正切值，判断此角度 γ 的大小还需依靠该角度 γ 的正弦值和余弦值：

1）若 $\sin\gamma$ 为正，$\cos\gamma$ 为正，那么角度 γ 在第一象限，则 $\gamma = \arctan\gamma$。

2）若 $\sin\gamma$ 为正，$\cos\gamma$ 为负，那么角度 γ 在第二象限，则 $\gamma = 180° - \arctan\gamma$。

3）若 $\sin\gamma$ 为负，$\cos\gamma$ 为负，那么角度 γ 在第三象限，则 $\gamma = 180° + \arctan\gamma$。

4）若 $\sin\gamma$ 为正，$\cos\gamma$ 为正，那么角度 γ 在第四象限，则 $\gamma = 360° - \arctan\gamma$。

3. 球坐标系型

如图 2-5 所示，球坐标系包括三个关节变量，分别是一个线性关节平移变量和两个旋转关

节变量。其坐标变换顺序如下：

1）首先沿固定坐标系的 Z 轴移动 d_z。

2）然后绕固定坐标系的 Y 轴旋转 β 角。

3）最后绕固定坐标系的 Z 轴旋转 γ 角。

这三个坐标变换建立了机器人末端执行器上的运动坐标系到固定坐标系之间的联系。由于这三个变换都是相对固定坐标系的坐标轴的，因此由这三个变换所产生的总变换可通过依次左乘每个对应变换矩阵而求得

$$^{O}T_{b-\text{sph}}=\text{Rot}(Z,\gamma)\,\text{Rot}(Y,\beta)\,\text{Trans}(0,0,d_z) \tag{2-15}$$

$$^{O}T_{b}=\begin{pmatrix} \cos\gamma & -\sin\gamma & 0 & 0 \\ \sin\gamma & \cos\gamma & 0 & 0 \\ 0 & 0 & 1 & 0 \\ 0 & 0 & 0 & 1 \end{pmatrix}\begin{pmatrix} \cos\beta & 0 & \sin\beta & 0 \\ 0 & 1 & 0 & 0 \\ -\sin\beta & 0 & \cos\beta & 0 \\ 0 & 0 & 0 & 1 \end{pmatrix}\begin{pmatrix} 1 & 0 & 0 & 0 \\ 0 & 1 & 0 & 0 \\ 0 & 0 & 1 & d_z \\ 0 & 0 & 0 & 1 \end{pmatrix}$$

$$^{O}T_{b}=\begin{pmatrix} \cos\beta\cos\gamma & -\sin\gamma & \sin\beta\cos\gamma & d_z\sin\beta\cos\gamma \\ \cos\beta\sin\gamma & \cos\gamma & \sin\beta\sin\gamma & d_z\sin\beta\sin\gamma \\ -\sin\beta & 0 & \cos\beta & d_z\cos\beta \\ 0 & 0 & 0 & 1 \end{pmatrix} \tag{2-16}$$

例2-9 假设要将球坐标机器人末端执行器上的运动坐标系原点放在 $(3，4，7)^{\text{T}}$ 处，试计算该机器人的三个关节变量。

解 根据式（2-16）可知，可得

$$\begin{cases} d_z\sin\beta\cos\gamma=3 \\ d_z\sin\beta\sin\gamma=4 \\ d_z\cos\beta=7 \end{cases}$$

求解此方程组：

由于 $\tan\gamma=4/3$，所以 $\gamma=\arctan 4/3=53.13°$。那么 $\tan\beta=4/7\text{Sin}53.13°$，故 $\beta=\arctan 4/7\text{Sin}53.13°=$

$35.54°$。最后求出 $d_z=8.6$。因此，$\begin{cases} d_z=8.60 \\ \beta=35.54° \\ \gamma=53.13° \end{cases}$ 是上述方程组的一组解。

可见球坐标机器人末端执行器运动坐标系原点位置的求解较圆柱坐标机器人还要复杂，既要求解方程组，还要判断角度所处的象限。在三种坐标系型机器人中，球坐标机器人求解最为复杂。

2.4.3　姿态的正逆运动学方程

假设固连在机器人末端执行器上的运动坐标系在直角坐标系、圆柱坐标系或球坐标系中已经运动到了期望的位置上，但它仍然平行于固定坐标系，或者说姿态不满足使用要求。下一步工作正如前面分析的那样，希望在不改变位置的情况下，适当地旋转运动坐标系而使其达到期望的位姿。当然这时只能相对运动坐标系各个轴旋转，如果绕固定坐标系的坐标轴旋转，那么最先运动到位的位置有可能发生改变。常见的绕运动坐标系的旋转主要有：①滚转角、俯仰角、偏航角；②欧拉角。

1. 滚转角、俯仰角和偏航角

如图 2-19 所示，空中的战斗机要完成各种攻击任务，必须要参考飞机坐标系姿态实时进行调整改变，而不是参照大地坐标来进行姿态调整。现介绍如下三个定义：

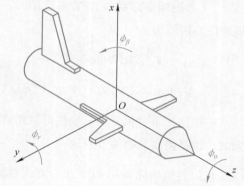

图2-19　滚转角、俯仰角和偏转角

1）滚转角 ϕ_α（又称 Roll，简称 R）——绕图示坐标系 z 轴旋转的角度。

2）偏航角 ϕ_γ（又称 Yaw，简称 Y）——绕图示坐标 x 轴旋转的角度。

3）俯仰角 ϕ_β（又称 Pitch，简称 P）——绕图示坐标 y 轴旋转的角度。

现假设按照 RPY 旋转顺序进行姿态调整，根据 2.3.4 节内容，需要右乘所有 RPY 和其他旋转所产生的与位姿改变有关的矩阵。

按照 RPY 旋转顺序旋转的矩阵可表示为

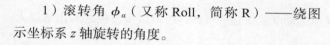

$$
\begin{aligned}
&\mathrm{RPY}(\phi_\alpha,\phi_\beta,\phi_\gamma) = \mathrm{Rot}(Z,\phi_\alpha)\,\mathrm{Rot}(Y,\phi_\beta)\,\mathrm{Rot}(X,\phi_\gamma)\\
&=\begin{pmatrix}
\cos\phi_\alpha\cos\phi_\beta & \cos\phi_\alpha\sin\phi_\beta\sin\phi_\gamma-\sin\phi_\alpha\cos\phi_\gamma & \sin\phi_\alpha\sin\phi_\gamma+\cos\phi_\alpha\sin\phi_\beta\cos\phi_\gamma & 0\\
\sin\phi_\alpha\cos\phi_\beta & \cos\phi_\alpha\cos\phi_\gamma+\sin\phi_\alpha\sin\phi_\beta\sin\phi_\gamma & \sin\phi_\alpha\sin\phi_\beta\cos\phi_\gamma-\sin\phi_\gamma\cos\phi_\alpha & 0\\
-\sin\phi_\beta & \cos\phi_\beta\sin\phi_\gamma & \cos\phi_\beta\cos\phi_\gamma & 0\\
0 & 0 & 0 & 1
\end{pmatrix}
\end{aligned}
$$

矩阵 $\mathrm{RPY}(\phi_\alpha,\phi_\beta,\phi_\gamma)$ 仅表示机器人末端执行器相对固定坐标系的姿态变化，不能反映出位置。该坐标系相对于固定坐标系的最终位姿由机器人末端执行器在固定坐标系的位置和机器人末端执行器相对固定坐标系的姿态组成。根据机器人末端执行器采取的坐标系形式不同，其最终位姿也有所不同，具体有以下三种：

1）根据直角坐标系和 RPY 来设计的，那么机器人末端执行器运动坐标系相对固定坐标系的最终位姿矩阵为

$$
{}^{O}\boldsymbol{T}_{b-\text{dec}+\text{RPY}} = {}^{O}\boldsymbol{T}_{b-\text{dec}}\mathrm{RPY}(\phi_\alpha,\phi_\beta,\phi_\gamma)
$$

$$=\text{Trans}(d_x, d_y, d_z)\text{Rot}(Z, \phi_\alpha)\text{Rot}(Y, \phi_\beta)\text{Rot}(X, \phi_\gamma) \tag{2-17}$$

2）根据圆柱坐标系和 RPY 来设计的，那么机器人末端执行器运动坐标系相对固定坐标系的最终位姿矩阵为

$${}^{O}\boldsymbol{T}_{b-\text{cyl}+\text{RPY}} = {}^{O}\boldsymbol{T}_{b-\text{cyl}}\text{RPY}(\phi_\alpha, \phi_\beta, \phi_\gamma)$$

$$=\text{Trans}(0,0,d_z)\text{Rot}(Z, \gamma)\text{Trans}(d_x, 0, 0)\text{Rot}(Z, \phi_\alpha)\text{Rot}(Y, \phi_\beta)\text{Rot}(X, \phi_\gamma)$$

3）根据球坐标系和 RPY 来设计的，那么机器人末端执行器运动坐标系相对固定坐标系的最终位姿矩阵为

$${}^{O}\boldsymbol{T}_{b-\text{sph}+\text{RPY}} = {}^{O}\boldsymbol{T}_{b-\text{sph}}\text{RPY}(\phi_\alpha, \phi_\beta, \phi_\gamma)$$

$$=\text{Rot}(Z, \gamma)\text{Rot}(Y, \beta)\text{Trans}(0,0,d_z)\text{Rot}(Z, \phi_\alpha)\text{Rot}(Y, \phi_\beta)\text{Rot}(X, \phi_\gamma)$$

一般情况下，机器人末端执行器相对固定坐标系的位姿矩阵是已知的，而 RPY 角的值是未知的，也是需要求的关节变量。

现以直角坐标系和 RPY 组合方式求其逆运动学解。由式（2-17）可以很方便地写出机器人末端执行器相对固定坐标系的位姿矩阵：

$${}^{O}\boldsymbol{T}_{b-\text{dec}+\text{RPY}} = {}^{O}\boldsymbol{T}_{b-\text{dec}}\text{RPY}(\phi_\alpha, \phi_\beta, \phi_\gamma) = \text{Trans}(d_x, d_y, d_z)\text{Rot}(Z, \phi_\alpha)\text{Rot}(Y, \phi_\beta)\text{Rot}(X, \phi_\gamma)$$

$$=\begin{pmatrix} \cos\phi_\alpha\cos\phi_\beta & \cos\phi_\alpha\sin\phi_\beta\sin\phi_\gamma - \sin\phi_\alpha\cos\phi_\gamma & \sin\phi_\alpha\sin\phi_\gamma + \cos\phi_\alpha\sin\phi_\beta\cos\phi_\gamma & d_x \\ \sin\phi_\alpha\cos\phi_\beta & \cos\phi_\alpha\cos\phi_\gamma + \sin\phi_\alpha\sin\phi_\beta\sin\phi_\gamma & \sin\phi_\alpha\sin\phi_\beta\cos\phi_\gamma - \sin\phi_\gamma\cos\phi_\alpha & d_y \\ -\sin\phi_\beta & \cos\phi_\beta\sin\phi_\gamma & \cos\phi_\beta\cos\phi_\gamma & d_z \\ 0 & 0 & 0 & 1 \end{pmatrix} \tag{2-18}$$

式中，d_x、d_y 和 d_z 为直角坐标系逆运动学解的三个平移关节变量。

$$\text{RPY}(\phi_\alpha, \phi_\beta, \phi_\gamma) = \text{Rot}(Z, \phi_\alpha)\text{Rot}(Y, \phi_\beta)\text{Rot}(X, \phi_\gamma)$$

设 $\text{RPY}(\phi_\alpha, \phi_\beta, \phi_\gamma) = \begin{pmatrix} a_{11} & a_{12} & a_{13} & 0 \\ a_{21} & a_{22} & a_{23} & 0 \\ a_{31} & a_{32} & a_{33} & 0 \\ 0 & 0 & 0 & 1 \end{pmatrix}$，

则 $\text{Rot}(Z, \phi_\alpha)^{-1}\text{RPY}(\phi_\alpha, \phi_\beta, \phi_\gamma) = \text{Rot}(Z, \phi_\alpha)^{-1}\text{Rot}(Z, \phi_\alpha)\text{Rot}(Y, \phi_\beta)\text{Rot}(X, \phi_\gamma) = \text{Rot}(Y, \phi_\beta)\text{Rot}(X, \phi_\gamma)$ 进行矩阵相乘后得

$$\text{Rot}(Z, \phi_\alpha)^{-1}\text{RPY}(\phi_\alpha, \phi_\beta, \phi_\gamma) =$$

$$\begin{pmatrix} a_{11}\cos\phi_\alpha + a_{21}\sin\phi_\alpha & a_{12}\cos\phi_\alpha + a_{22}\sin\phi_\alpha & a_{13}\cos\phi_\alpha + a_{23}\sin\phi_\alpha & 0 \\ a_{21}\cos\phi_\alpha - a_{11}\sin\phi_\alpha & a_{22}\cos\phi_\alpha - a_{21}\sin\phi_\alpha & a_{23}\cos\phi_\alpha - a_{13}\sin\phi_\alpha & 0 \\ a_{31} & a_{32} & a_{33} & 0 \\ 0 & 0 & 0 & 1 \end{pmatrix}$$

$$\mathrm{Rot}(Y,\phi_\beta)\,\mathrm{Rot}(X,\phi_\gamma)=\begin{pmatrix} \cos\phi_\beta & \sin\phi_\beta\sin\phi_\gamma & \sin\phi_\alpha\cos\phi_\gamma & 0 \\ 0 & \cos\phi_\gamma & -\sin\phi_\gamma & 0 \\ -\sin\phi_\beta & \cos\phi_\beta\sin\phi_\gamma & \cos\phi_\beta\cos\phi_\gamma & 0 \\ 0 & 0 & 0 & 1 \end{pmatrix}$$

矩阵 $\mathrm{Rot}(Z,\phi_\alpha)^{-1}\mathrm{RPY}(\phi_\alpha,\phi_\beta,\phi_\gamma)$ 和矩阵 $\mathrm{Rot}(Y,\phi_\beta)\mathrm{Rot}(X,\phi_\gamma)$ 是同型矩阵，且相等，那么它们对应的元素也必须相等。因此

对（2，1）元素有 $a_{21}\cos\phi_\alpha-a_{11}\sin\phi_\alpha=0$，即

$$\phi_\alpha=\arctan(a_{21}/a_{11})$$

对（3，1）元素有 $a_{31}=-\sin\phi_\beta$，对（1，1）元素有 $\cos\phi_\beta=a_{11}\cos\phi_\alpha+a_{21}\sin\phi_\alpha$，即

$$\phi_\beta=\arctan[-a_{31}/(a_{11}\cos\phi_\alpha+a_{21}\sin\phi_\alpha)]$$

对（2，2）元素和（2，3）元素有

$\cos\phi_\gamma=a_{22}\cos\phi_\alpha-a_{12}\sin\phi_\alpha$ 和 $-\sin\phi_\gamma=a_{23}\cos\phi_\alpha-a_{13}\sin\phi_\alpha$，即

$$\phi_\gamma=\arctan[(a_{13}\sin\phi_\alpha-a_{23}\cos\phi_\alpha)/(a_{22}\cos\phi_\alpha-a_{12}\sin\phi_\alpha)]$$

所以 RPY 逆解为

$$\begin{cases} \phi_\alpha=\arctan(a_{21}/a_{11}) \\ \phi_\beta=\arctan[-a_{31}/(a_{11}\cos\phi_\alpha+a_{21}\sin\phi_\alpha)] \\ \phi_\gamma=\arctan[(a_{13}\sin\phi_\alpha-a_{23}\cos\phi_\alpha)/(a_{22}\cos\phi_\alpha-a_{12}\sin\phi_\alpha)] \end{cases} \tag{2-19}$$

例 2-10 下面给出了一个直角坐标系 +RPY 型机器人手所期望的最终位姿，试求出所有关节变量。

$${}^{O}\boldsymbol{T}_{b-\mathrm{dec}+\mathrm{RPY}}=\begin{pmatrix} 0.354 & -0.674 & 0.649 & 4.33 \\ 0.505 & 0.722 & 0.475 & 2.5 \\ 0.788 & 0.160 & 0.595 & 8 \\ 0 & 0 & 0 & 1 \end{pmatrix}$$

解 根据式（2-18）和式（2-19）得

$$d_x=4.33,\quad d_y=2.50,\quad d_z=8$$

$$\phi_\alpha=\arctan(a_{21}/a_{11})=\arctan(0.505/0.354)=55°$$

$$\phi_\beta=\arctan[-a_{31}/(a_{11}\cos\phi_\alpha+a_{21}\sin\phi_\alpha)]=\arctan[-0.788/(0.354\cos55°+0.505\sin55°)]=128°$$

$$\phi_\gamma=\arctan[(a_{13}\sin\phi_\alpha-a_{23}\cos\phi_\alpha)/(a_{22}\cos\phi_\alpha-a_{12}\sin\phi_\alpha)]$$

$$=\arctan[(0.649\sin55°-0.475\cos55°)/(0.722\cos55°+0.674\sin55°)]$$

$$=15°$$

球坐标系和 RPY 组合方式求其逆运动学解、圆柱坐标系和 RPY 组合方式求其逆运动学解与直角坐标系和 RPY 组合方式求其逆运动学解方法相同，只是更加复杂些。

2. 欧拉角

如图 2-20 所示，同 RPY 角一样，空中的战斗机要完成各种攻击任务，必须要参考飞机坐标系姿态实时进行调整改变，而不是参照大地坐标来进行姿态调整，但旋转方式有所不同。

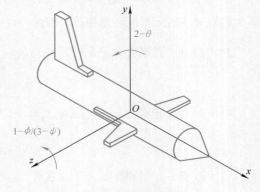

图2-20 欧拉角旋转

首先绕图示坐标系 z 轴旋转角 ϕ，然后绕图示坐标系 y 轴旋转角 θ，最后绕图示坐标 z 轴旋转 ψ，这样的旋转顺序称为欧拉角旋转。

现假设按照欧拉角旋转顺序进行姿态调整，根据 2.3.4 节内容，需要右乘所有欧拉角旋转顺序和其他旋转所产生的与位姿改变有关的矩阵。

按照欧拉角旋转顺序旋转矩阵可表示为

$$\mathrm{Euler}(\phi,\theta,\psi)=\mathrm{Rot}(Z,\phi)\mathrm{Rot}(Y,\theta)\mathrm{Rot}(Z,\psi)$$

同 PRY（ϕ_γ，ϕ_α，ϕ_β）一样，其最终位姿也有所不同，具体有以下三种：

1）根据直角坐标系和欧拉角来设计的，那么机器人末端执行器运动坐标系相对固定坐标系的最终位姿矩阵就为

$${}^{O}\boldsymbol{T}_{b-\mathrm{dec}+\mathrm{Eul}}={}^{O}\boldsymbol{T}_{b-\mathrm{dec}}\mathrm{Euler}(\phi,\theta,\psi)$$

$$=\mathrm{Trans}(d_x,d_y,d_z)\mathrm{Rot}(Z,\phi)\mathrm{Rot}(Y,\theta)\mathrm{Rot}(Z,\psi)$$

2）根据圆柱坐标系和欧拉角来设计的，那么机器人末端执行器运动坐标系相对固定坐标系的最终位姿矩阵就为

$${}^{O}\boldsymbol{T}_{b-\mathrm{cyl}+\mathrm{Eul}}={}^{O}\boldsymbol{T}_{b-\mathrm{cyl}}\mathrm{Euler}(\phi,\theta,\psi)$$

$$=\mathrm{Trans}(0,0,d_z)\mathrm{Rot}(Z,\gamma)\mathrm{Trans}(d_x,0,0)\mathrm{Rot}(Z,\phi)\mathrm{Rot}(Y,\theta)\mathrm{Rot}(Z,\psi)$$

3）根据球坐标系和欧拉角来设计的，那么机器人末端执行器运动坐标系相对固定坐标系的最终位姿矩阵就为

$${}^{O}\boldsymbol{T}_{b-\mathrm{sph}+\mathrm{Eul}}={}^{O}\boldsymbol{T}_{b-\mathrm{sph}}\mathrm{Euler}(\phi,\theta,\psi)$$

$$=\text{Rot}(Z,\gamma)\text{Rot}(Z,\beta)\text{Trans}(0,0,d_z)\text{Rot}(Z,\phi)\text{Rot}(Y,\theta)\text{Rot}(Z,\psi)$$

其坐标位姿矩阵的逆运动学解同 PRY 解法一样，此处不再探讨。

2.4.4 多关节机器人与正逆运动学方程

在 1955 年，Denavit 和 Hartenberg 发表了一篇论文，后来人们利用这篇论文对机器人进行表示和建模，并导出了它们的运动方程，这已成为表示机器人和对机器人运动进行建模的标准方法。Denavit-Hartenberg（D-H）模型表示了对机器人连杆和关节进行建模的一种非常简单的方法，可用于任何机器人构型，而不管机器人的结构顺序和复杂程度如何。它也可用于表示已经讨论过的在任何坐标中的变换，例如直角坐标、圆柱坐标、球坐标、欧拉角坐标及 PRY 坐标等。另外，它也可以用于表示全旋转的链式机器人、SCARA 机器人或任何可能的关节和连杆组合。尽管采用前面的方法对机器人直接建模会更快、更直接，但 D-H 表示法有其附加的好处，使用它已经开发了许多技术，例如，雅克比矩阵的计算和力分析等。

假设机器人由一系列关节和连杆组成，这些关节可能是滑动（线性）的或旋转（转动）的，它们可以按任意的顺序放置并处于任意的平面。连杆也可以是任意的长度（包括零），它可能被弯曲或扭曲，也可能位于任意平面上。所以任何一组关节和连杆都可以构成一个想要建模和表示的机器人。为此，需要给每个关节指定一个参考坐标系，然后，确定从一个关节到下一个关节（一个坐标系到下一个坐标系）来进行变换的步骤。如果将从基座到第一个关节，再从第一个关节到第二个关节……直至到最后一个关节的所有变换结合起来，就得到了机器人的总变换矩阵。

图 2-21 表示了三个关节，每个关节都可能是旋转副、移动副或者两者都是。做以下定义：

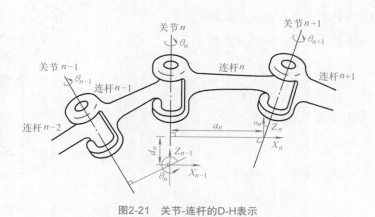

图2-21　关节-连杆的D-H表示

关节：第一个关节为 n 关节，第二个关节为关节 $n+1$，第三个关节为关节 $n+2$，在这些关节的前后可能还有其他关节。

连杆：位于关节 n 与关节 $n+1$ 之间的杆件为连杆 n，位于关节 $n+1$ 与关节 $n+2$ 之间的杆件

为连杆 $n+1$，依次类推。

坐标系：

1）如果关节是旋转副，那么 Z 轴为按右手定则规定的旋转的方向；如果关节是移动副，那么 Z 轴为沿直线运动的方向。在每种情况下，关节 n 处的 Z 轴的编号为 $n-1$；对于旋转关节，其关节变量为 θ；对于移动关节，其关节变量为 d。

2）通常关节不一定平行或相交，因此定义前后两个 Z 轴的公垂线为 X 轴，且 X 轴的指向为下一个 Z 轴。

3）Y 轴由右手定则和已定的 Z 轴与 X 轴来确定。

坐标变换（目标：$\{n\}$ 系变换到 $\{n+1\}$ 系）：

1）绕 Z_n 轴旋转 θ_{z-n+1}，使得 X_n 轴和 X_{n+1} 轴互相平行。

2）沿 Z_n 轴平移 d_{z-n+1} 距离，使得 X_n 轴和 X_{n+1} 轴共线。

3）沿 X_n 轴平移 d_{x-n+1} 距离，使得两坐标系原点重合。

4）将 Z_n 轴绕 X_{n+1} 轴旋转 θ_{x-n+1}，使得 Z_n 轴和 Z_{n+1} 轴对准。

前面四个运动变换的两个依次坐标系之间的变换是四个运动变换矩阵的乘积，又因为是参照运动坐标系的，因此所有的变换矩阵都是右乘，从而得到的结果为

$$^{n}T_{n+1}=\text{Rot}(Z,\theta_{z-n+1})\text{Trans}(0,0,d_{z-n+1})\text{Trans}(d_{x-n+1},0,0)\text{Rot}(X,\theta_{x-n+1}) \tag{2-20}$$

例 2-11 对于图 2-22 所示的简单两轴平面机器人，根据 D-H 表示法，建立必要的坐标系，填写 D-H 参数表，导出该机器人的正运动学方程。

解 根据坐标系有关对 Z 轴和 X 轴的定义，在图 2-22 上作出各关节坐标轴。再填写 D-H 参数表，见表 2-2。

由式（2-15）写出机器人的正运动学方程：

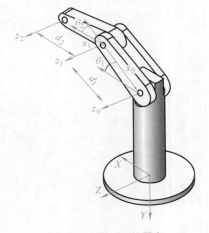

图2-22 两轴平面机器人

表 2-2 例 2-11 的 D-H 参数表

关节	θ_z	d_z	d_x	θ_x
0–1	θ_1	0	d_1	0
1–2	θ_2	0	d_2	0

$$^0\boldsymbol{A}_1 = \mathrm{Rot}(z,\theta_1)\,\mathrm{Trans}(d_1,0,0) = \begin{pmatrix} \cos\theta_1 & -\sin\theta_1 & 0 & d_1\cos\theta_1 \\ \sin\theta_1 & \cos\theta_1 & 0 & 0 \\ 0 & 0 & 1 & 0 \\ 0 & 0 & 0 & 1 \end{pmatrix}$$

$$^1\boldsymbol{A}_2 = \mathrm{Rot}(z,\theta_2)\,\mathrm{Trans}(d_2,0,0) = \begin{pmatrix} \cos\theta_2 & -\sin\theta_2 & 0 & d_2\cos\theta_2 \\ \sin\theta_2 & \cos\theta_2 & 0 & 0 \\ 0 & 0 & 1 & 0 \\ 0 & 0 & 0 & 1 \end{pmatrix}$$

0-2 系的运动学方程就为

$$^0\boldsymbol{A}_2 = {^0\boldsymbol{A}_1}\,{^1\boldsymbol{A}_2}$$

如果给定 θ_1、θ_2、d_1 和 d_2 的值，根据正运动学方程就可以求出机器人末端的位姿。由于关节坐标机器人逆解较复杂，有关详细内容请参阅有关教材。

2.4.5 机器人微分运动与速度

1. 微分运动与速度

根据图 2-18 所示两自由度机器人手部的结构关系，可得出点 P 的位置方程，即

工业机器人
微分运动学

$$\begin{cases} x = L_1\cos\theta_1 + L_2\cos(\theta_1+\theta_2) \\ y = L_1\sin\theta_1 + L_2\sin(\theta_1+\theta_2) \end{cases}$$

再由矩阵求导公式，分别对上述方程的两个变量 θ_1 和 θ_2 求微分，可得出

$$\begin{cases} \mathrm{d}x = -L_1\sin\theta_1\mathrm{d}\theta_1 - L_2\sin(\theta_1+\theta_2)(\mathrm{d}\theta_1+\mathrm{d}\theta_2) \\ \mathrm{d}y = L_1\cos\theta_1\mathrm{d}\theta_1 + L_2\cos(\theta_1+\theta_2)(\mathrm{d}\theta_1+\mathrm{d}\theta_2) \end{cases}$$

写成矩阵形式为

$$\begin{pmatrix} \mathrm{d}x \\ \mathrm{d}y \end{pmatrix} = \begin{pmatrix} -L_1\sin\theta_1 - L_2\sin(\theta_1+\theta_2) & -L_2\sin(\theta_1+\theta_2) \\ L_1\cos\theta_1 & L_2\cos(\theta_1+\theta_2) \end{pmatrix} \begin{pmatrix} \mathrm{d}\theta_1 \\ \mathrm{d}\theta_2 \end{pmatrix} \tag{2-21}$$

显然点 P 的位置微小变化就是点 P 的运动速度。在多自由度的机器人中，可用同样的方法将关节的微分运动与手的微分运动结合起来。为了具有共性，式（2-21）还可写为

$$[D]=[J][D_\theta]$$

式中，$[D]$ 表示机器人手绕 X、Y、Z 轴的微分旋转；$[D_\theta]$ 表示关节的微分运动；$[J]$ 表示雅可比矩阵。

2. 坐标系的微分运动

（1）微分平移　微分平移就是坐标系平移的一个微分量，因此可用 Trans（dx、dy、dz）来

表示，其含义是坐标系沿 X、Y、Z 轴做了微小的移动。

$$\text{Trans}(\text{d}x,\text{d}y,\text{d}z) = \begin{pmatrix} 1 & 0 & 0 & \text{d}x \\ 0 & 1 & 0 & \text{d}y \\ 0 & 0 & 1 & \text{d}z \\ 0 & 0 & 0 & 1 \end{pmatrix}$$

（2）绕参考轴的微分旋转　微分旋转是坐标系的微小旋转，它通常用 Rot（Q，dθ）来表示，其含义是坐标系绕 Q 轴旋转一个角度 dθ。因为旋转量很小，根据微分理论有 $\text{sind}x = \text{d}x$；$\text{cosd}x = 1$。显然，表示绕 X、Y、Z 轴的微分旋转矩阵为

$$\text{Rot}(X,\delta x) = \begin{pmatrix} 1 & 0 & 0 & 0 \\ 0 & 1 & -\delta x & 0 \\ 0 & \delta x & 1 & 0 \\ 0 & 0 & 0 & 1 \end{pmatrix}$$

$$\text{Rot}(Y,\delta y) = \begin{pmatrix} 1 & 0 & \delta y & 0 \\ 0 & 1 & 0 & 0 \\ -\delta y & 0 & 1 & 0 \\ 0 & 0 & 0 & 1 \end{pmatrix}$$

$$\text{Rot}(Z,\delta z) = \begin{pmatrix} 1 & -\delta z & 0 & 0 \\ \delta z & 1 & 0 & 0 \\ 0 & 0 & 1 & 0 \\ 0 & 0 & 0 & 1 \end{pmatrix}$$

2.5　机器人动力学

　　机器人的动力学研究物体的运动与受力之间的关系。机器人动力学方程是机器人机械系统的运动方程，它表示机器人各关节的关节位置、关节速度、关节加速度与各关节执行器驱动力或力矩之间的关系。

　　机器人的动力学有两个相反的问题：一是已知机器人各关节执行器的驱动力或力矩，求解机器人各关节的位置、速度、加速度，这是动力学正问题；二是已知各关节的位置、速度、加速度，求各关节所需的驱动力或力矩，这是动力学逆问题。

　　机器人的动力学正问题主要用于机器人的运动仿真。例如在设计机器人时，需根据连杆质量、运动学和动力学参数、传动机构特征及负载大小进行动态仿真，从而决定机器人的结构参数和传动方案，验算设计方案的合理性和可行性，以及结构优化的程度；在机器人离线编程时，

为了估计机器人高速运动引起的动载荷和路径偏差，要进行路径控制仿真和动态模型仿真。

研究机器人动力学逆问题的目的是对机器人的运动进行有效的实时控制，以实现预期的轨迹运动，并达到良好的动态性能和最优指标。由于机器人是个复杂的动力学系统，由多个连杆和关节组成，具有多个输入和输出，存在着错综复杂的耦合关系和严重的非线性，所以动力学的实时计算很复杂，在实际控制时需要做一些简化假设。

目前研究机器人动力学的方法很多，有牛顿 - 欧拉方法、拉格朗日方法、阿贝尔方法和凯恩方法等，详细内容可查阅相关书籍。

思考练习题

1. 现有一位姿如下的坐标系 $\{b\}$，相对固定坐标系移动 $d = (3，2，6)^T$ 的距离，求该坐标系相对固定坐标系的新位姿。

$$B = \begin{pmatrix} 0 & -1 & 0 & 2 \\ 1 & 0 & 0 & 4 \\ 0 & 0 & 1 & 6 \\ 0 & 0 & 0 & 1 \end{pmatrix}$$

2. 求出坐标位姿矩阵 B 中所缺元素的值，并完成该坐标位姿矩阵的表示。

$$B = \begin{pmatrix} 0.707 & ? & 0 & 2 \\ ? & 0 & 1 & 4 \\ ? & -0.707 & 0 & 5 \\ 0 & 0 & 0 & 1 \end{pmatrix}$$

3. 求点 $P (2，3，4)^T$ 绕固定坐标系 X 轴旋转 $-45°$ 后相对固定坐标系的坐标。

4. 有一运动坐标系 $\{b\}$，其上有一空间点 P，其坐标为 $^bP = (5，4，3)^T$。起始状态：运动坐标系 $\{b\}$ 与固定坐标系 $\{O\}$ 重合。经过一段时间后，运动坐标系 $\{b\}$ 相对固定坐标系 $\{O\}$ 做了如下变换：

1）首先绕固定坐标系 $\{O\}$ 的 X 轴旋转了 $90°$。

2）然后沿固定坐标系 $\{O\}$ 的 Y 轴正向平移 6 个单位、X 轴负向平移 5 个单位。

3）最后绕固定坐标系 $\{O\}$ 的 Z 轴旋转了 $90°$。

求转换后该点在固定坐标系中的坐标。

5. 有一运动坐标系 $\{b\}$，其上有一空间点 P，其坐标为 $^bP = (5，4，3)^T$。起始状态：运动坐标系 $\{b\}$ 与固定坐标系 $\{O\}$ 重合。经过一段时间后，运动坐标系 $\{b\}$ 相对自身做了如下变换：

1）首先绕自身的 X 轴旋转了 90°。

2）然后沿自身的 Y 轴正向平移 6 个单位、X 轴负向平移 5 个单位。

3）最后绕自身的 Z 轴旋转了 90°。

求转换后该点在固定坐标系中的坐标。

6. 假设机器人由直角坐标系和 PRY 组合关节构成，求出获得下列位姿所必需的 PRY 角。

$$B = \begin{pmatrix} 0.527 & -0.574 & 0.628 & 4 \\ 0.369 & 0.819 & 0.439 & 6 \\ -0.766 & 0 & 0.643 & 9 \\ 0 & 0 & 0 & 1 \end{pmatrix}$$

7. 对于如图 2-23 所示的 SCARA 机器人：

1）建立 D-H 法的坐标系。

2）填写 D-H 法参数表。

3）写出所有的变换矩阵。

8. 假设手臂坐标系的位姿如下。若绕 Z 轴作 0.15rad 的微分旋转，再做 [0.1, 0.1, 0.3] 的微分平移，试求出手臂的新位姿。

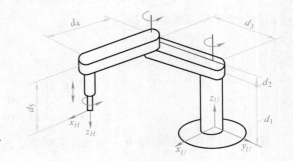

图2-23　SCARA机器人

$$B = \begin{pmatrix} 0 & 0 & 1 & 1 \\ 1 & 0 & 0 & 3 \\ 0 & 1 & 0 & 2 \\ 0 & 0 & 0 & 1 \end{pmatrix}$$

第3章
CHAPTER 3

工业机器人的机械系统

机器人的机械系统由机座、臂部、腕部、手部或末端执行器组成，如图3-1所示。机器人为了完成工作任务，必须配置操作执行机构，这个操作执行机构相当于人的手部，有时也称为手爪或末端执行器。而连接手部和臂部的部分相当于人的手腕，称为腕部，作用是改变末端执行器的空间方向和将载荷传递到臂部。臂部连接机身和腕部，主要作用是改变手部的空间位置，满足机器人的作业空间，并将各种载荷传递到机身。机座是机器人的基础部分，它起着支承作用。对于固定式机器人，机座直接固定在地面基础上；对于行走式机器人，机座安装在行走机构上。

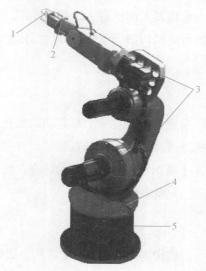

工业机器人基本
组成实训讲解

工业机器人的
机械系统之一

图3-1 工业机器人机械系统的组成

1—手部 2—腕部 3—臂部 4—机身 5—机座

3.1 工业机器人的机座

机座是工业机器人的基础部分，它起着支承作用。工业机器人机座有固定式和行走式两种。

对固定式机座机器人而言，其机座直接地面安装；对移动式机座机器人而言，其机座则安装在行走机构上。

3.1.1　机器人的固定式机座

固定的机座结构比较简单。固定机器人的安装方法分为直接地面安装、台架安装和底板安装三种形式。

1）机器人机座直接安装在地面上时，是将底板埋入混凝土中或用地脚螺栓固定。底板要求尽可能稳固，以经受得住机器人手臂传递过来的反作用力。底板与机器人机座用高强度螺栓联接。

2）机器人台架安装在地面上时，安装方法与机座直接安装在地面上的要领基本相同。机器人机座与台架用高强度螺栓固定联接，台架与底板用高强度螺栓固定联接。

3）机器人机座用底板安装在地面上时，用螺栓孔将底板安装在混凝土地面或钢板上。机器人机座与底板用高强度螺栓固定联接。

3.1.2　机器人的行走机构

行走机构是行走机器人的重要执行部件，它由驱动装置、传动机构、位置检测元件、传感器、电缆及管路等组成。它一方面支承机器人的机身、臂部和手部，另一方面带动机器人按照工作任务的要求进行运动。机器人的行走机构按运动轨迹分为固定轨迹式行走机构和无固定轨迹式行走机构。

1. 固定轨迹式行走机构

固定轨迹式工业机器人的机身底座安装在一个可移动的拖板座上，靠丝杠螺母驱动，整个机器人沿丝杠纵向移动。这类机器人除了采用这种直线驱动方式外，有时也采用类似起重机梁行走等方式。这种可移动机器人主要用在作业区域大的场合，比如大型设备装配，立体化仓库中的材料搬运、材料堆垛和储运、大面积喷涂等。

2. 无固定轨迹式行走机构

一般而言，无固定轨迹式行走机构主要有轮式行走机构、履带式行走机构、足式行走机构。此外，还有适合于各种特殊场合的步进式行走机构、蠕动式行走机构、混合式行走机构和蛇行式行走机构等。下面主要介绍轮式行走机构、履带式行走机构和足式行走机构。

3.1.3　轮式行走机构

轮式行走机器人是机器人中应用最多的一种，主要行走在平坦的地面上。车轮的形状和结构形式取决于地面的性质和车辆的承载能力。在轨道上运行的多采用实心钢轮，在室外路面上运行的多采用充气轮胎，在室内平坦地面上运行的可采用实心轮胎。

轮式行走机构依据车轮的多少分为一轮、二轮、三轮、四轮以及多轮。行走机构在实现上的主要障碍是稳定性问题，实际应用的轮式行走机构多为三轮和四轮。

（1）三轮行走机构　三轮行走机构具有一定的稳定性，代表性的车轮配置方式是一个前轮，两个后轮，如图 3-2 所示。图 3-2a 所示为两个后轮独立驱动，前轮仅起支承作用，靠后轮转向；图 3-2b 所示为采用前轮驱动、前轮转向的方式；图 3-2c 所示为利用两后轮差动减速器减速、前轮转向的方式。

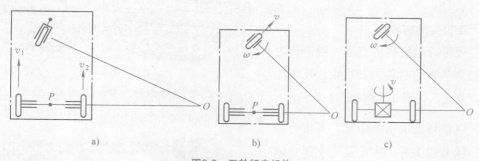

图3-2　三轮行走机构

a）两个后轮独立驱动　b）前轮驱动和转向　c）后轮差动，前轮转向

（2）四轮行走机构　四轮行走机构的应用最为广泛，四轮机构可采用不同的方式实现驱动和转向，如图 3-3 所示。图 3-3a 所示为后轮分散驱动；图 3-3b 所示为用连杆机构实现四轮同步转向，当前轮转动时，通过四连杆机构使后轮得到相应的偏转。这种行走机构相比仅有前轮转向的行走机构而言，可实现更灵活的转向和较大的回转半径。

具有四组轮子的轮系，其运动稳定性有很大提高。但是，要保证四组轮子同时和地面接触，必须使用特殊的轮系悬架系统。它需要四个驱动电动机，控制系统也比较复杂，造价也较高。

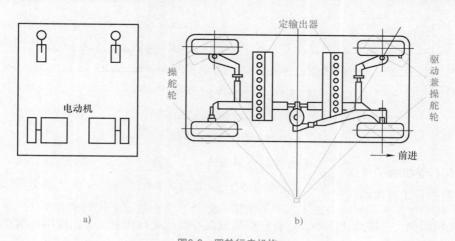

图3-3　四轮行走机构

a）后轮分散驱动　b）四轮同步转向机构

（3）越障轮式机构　普通轮式行走机构对崎岖不平的地面适应性很差，为了提高轮式车辆的地面适应能力，设计了越障轮式机构。这种行走机构往往是多轮式行走机构。

3.1.4 履带式行走机构

履带式行走机构适合在天然路面行走，它是轮式行走机构的拓展，履带的作用是给车轮连续铺路。图3-4所示为双重履带式可转向行走机构的机器人。

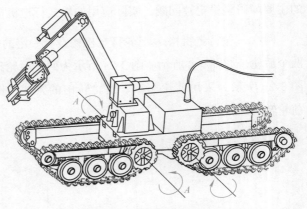

图3-4 双重履带式可转向行走机构的机器人

1. 行走机构的构成

（1）履带行走机构的组成 履带行走机构由履带、驱动链轮、支承轮、托带轮和张紧轮组成，如图3-5所示。

（2）履带行走机构的形状 履带行走机构的形状有很多种，主要是一字形、倒梯形等，如图3-6所示。一字形履带行走机构的驱动轮及张紧轮兼作支承轮，增大支承地面面积，改善了稳定性。倒梯形履带行走机构不作支承轮的驱动轮与张紧轮装得高于地面，适合穿越障碍；另外，因为减少了泥土夹入引起的损伤和失效，可以提高驱动轮和张紧轮的寿命。

图3-5 履带行走机构

1—张紧轮（导向轮） 2—履带 3—托带轮 4—驱动链轮 5—支承轮

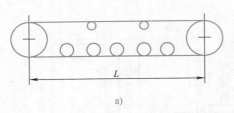

图3-6 履带行走机构的形状

a）一字形 b）倒梯形

2. 履带行走机构的特点

（1）履带行走机构的优点

1）支承面积大，接地比压小，适合在松软或泥泞场地进行作业，下陷度小，滚动阻力小。

2）越野机动性好，可以在有些凹凸的地面上行走，可以跨越障碍物，能爬梯度不大的台阶、爬坡、越沟等性能均优于轮式行走机构。

3）履带支承面上有履齿，不易打滑，牵引附着性能好，有利于发挥较大的牵引力。

（2）履带行走机构的缺点

1）由于没有自定位轮，没有转向机构，只能靠左右两个履带的速度差实现转弯，所以转向和前进方向都会产生滑动。

2）转弯阻力大，不能准确地确定回转半径。

3）结构复杂，重量大，运动惯性大，减振功能差，零件易损坏。

3.1.5 足式行走机构

轮式行走机构只有在平坦坚硬的地面上行驶才有理想的运动特性。如果地面凸凹与车轮直径相当或地面很软，则它的运动阻力将大大增加。履带式行走机构虽然可行走在不平的地面上，但它的适应性不够，行走时晃动太大，在软地面上行驶运动慢。大部分地面不适合传统的轮式或履带式车辆行走，但是，足式动物却能在这些地方行动自如，显然足式与轮式和履带式行走方式相比具有独特的优势。现有的行走式机器人的足数分别为单足、双足、三足、四足、六足、八足甚至更多。足的数目多，适合于重载和慢速运动。双足和四足具有良好的适应性和灵活性。足式行走机构如图3-7所示。

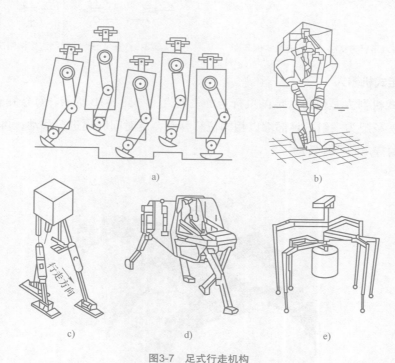

图3-7 足式行走机构

a）单足机器人 b）双足机器人 c）三足机器人 d）四足机器人 e）六足机器人

1. 双足行走式机器人

双足行走式机器人具有良好的适应性，也称之为类人双足行走机器人。类人双足行走机构是多自由度的控制系统，是现代控制理论很好的应用对象。这种机构除结构简单外，在保证静、动行走性能、稳定性和高速运动等方面都是最困难的。

图3-8所示为双足行走式机器人行走机构原理图。在行走过程中，行走机构始终满足静力学的静平衡条件，也就是机器人的重心始终落在接触地面的一只脚上。行走式机器人典型特征是不仅能在平地上行走，而且能在凹凸不平的地上步行，能跨越沟壑，上下台阶，具有广泛的适应性。难点是机器人跨步时自动转移重心而保持平衡的问题。为了能变换方向和上下台阶，一定要具备多自由度。图3-9所示为双足行走式机器人运动副简图。

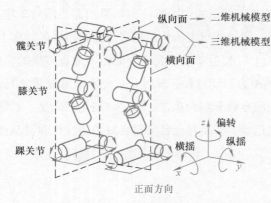

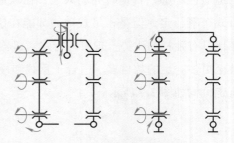

图3-8　双足行走式机器人行走机构原理图　　　　图3-9　双足行走式机器人运动副简图

2. 六足行走式机器人

六足行走式机器人是模仿六足昆虫行走的机器人，如图3-10所示。每条腿有三个转动关节。行走时，三条腿为一组，足部端以相同位移移动，定时间间隔进行移动，可以实现XY平面内任意方向的行走和原地转动。

图3-10　六足行走式机器人

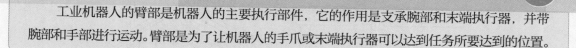

3.2 工业机器人的臂部

工业机器人的臂部是机器人的主要执行部件，它的作用是支承腕部和末端执行器，并带腕部和手部进行运动。臂部是为了让机器人的手爪或末端执行器可以达到任务所要达到的位置。

3.2.1 工业机器人臂部的运动和组成

1. 臂部的运动

机器人要完成空间的运动，对于圆柱坐标系机器人而言，至少需要三个自由度的运动，即垂直移动、径向移动和回转运动。

（1）垂直移动　垂直移动是指机器人臂部的上下运动。这种运动通常采用液压缸机构或通过调整机器人机身在垂直方向上的安装位置来实现。

（2）径向移动　径向移动是指臂部的伸缩运动。机器人臂部的伸缩使其臂部的工作范围发生变化。

（3）回转运动　回转运动是指机器人绕铅垂轴的转动。这种运动决定了机器人的臂部所能达到的角度位置。

2. 臂部的组成

机器人的臂部主要包括臂杆以及与其伸缩、屈伸或自转等运动有关的传动装置、导向定位装置、支承联接和位置检测元件等。此外，还有与之连接的支承等有关的构件、配管配线。根据运动和布局、驱动方式、传动和导向装置的不同，臂部可分为动伸缩臂、屈伸臂及其他专用的机械传动臂。

3.2.2 工业机器人臂部的配置和驱动

1. 工业机器人臂部的配置

机身和臂部的配置形式基本上反映了机器人的总体布局。由于机器人的作业环境和场地等因素的不同，出现了各种配置形式。目前有横梁式、立柱式、机座式和屈伸式四种。

（1）横梁式配置　机身设计成横梁式，用于悬挂手臂部件，通常分为单臂悬挂式和双臂悬挂式两种，如图3-11所示。这类机器人的运动形式大多为移动式。它具有占地面积小、能有效利用空间、动作简单直观等优点。

横梁可以是固定的，也可以是行走的，一般安装在厂房原有建筑的柱梁或有关设备上，也可从地面上架设。

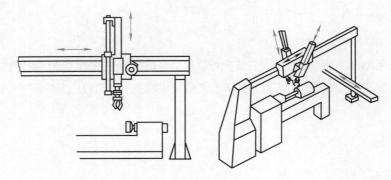

图3-11 横梁式配置

（2）立柱式配置 立柱式机器人多采用回转型、俯仰型或屈伸型的运动形式，是一种常见的配置形式。常分为单臂式和双臂式两种，如图 3-12 所示。一般臂部都可以在水平面内回转，具有占地面小、工作范围大的特点。

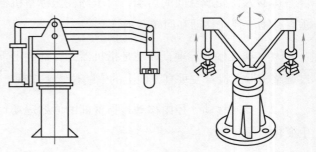

图3-12 立柱式配置

立柱可固定安装在空地上，也可以固定在床身上。立柱式机器人结构简单，服务于某种主机，承担上、下料或转运等工作。

（3）机座式配置 机座式机器人可以是独立的、自成系统的完整装置，随意安放和搬动，也可以沿地面上的专用轨道移动，以扩大其活动范围。各种运动形式均可设计成机座，如图 3-13 所示。

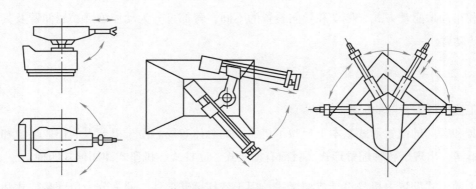

图3-13 机座式配置

（4）屈伸式配置 机器人的臂部由大小臂组成，大小臂间有相对运动，称为屈伸臂。屈伸臂与机身一起，结合机器人的运动轨迹，既可以实现平面运动，也可以实现空间运动，如图 3-14 所示。

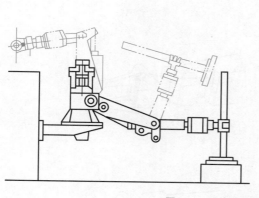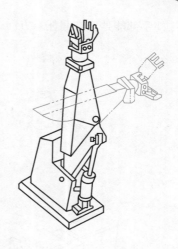

图3-14 屈伸式配置

2. 工业机器人臂部的驱动

工业机器人的臂部由大臂、小臂或多臂组成。手臂的驱动方式主要有液压驱动、气压驱动和电动机驱动等几种形式，其中电动机驱动形式最为通用。

臂部伸缩机构行程小时，采用液（气）压缸直接驱动；当行程较大时，可采用液（气）压缸驱动齿轮齿条传动的倍增机构或步进电动机及伺服电动机驱动，也可用丝杠螺母或滚珠丝杠传动。为了增加臂部的刚性，防止臂部在伸缩运动时绕轴线转动或产生变形，臂部伸缩机构需设置导向装置或设计成方形、花键等形式的臂杆。常用的导向装置有单导向杆和双导向杆等，可根据臂部的结构、抓重等因素选取。

臂部的俯仰通常采用摆动液（气）压缸驱动、铰链连杆机构传动来实现；臂部回转与升降机构回转常采用回转缸与升降缸单独驱动，适用于升降行程短而回转角度小的情况，也有用升降缸与气动马达 – 锥齿轮传动的机构。

3.3 工业机器人的腕部

3.3.1 机器人腕部的运动

1. 机器人腕部的运动方式

腕部是臂部与手部的连接部件，起支承手部和改变手部姿态的作用。为了使手部能处于空间任意方向，要求腕部能实现对空间三个坐标轴 X、Y、Z 的转动，即具有偏转、俯仰和回转三个自由度。图 3-15 所示这三个回转方向分别为：臂转、手转和腕摆。

一般工业机器人只有具有六个自由度，才能使手部（末端执行器）达到目标位置和处于期望的姿态，使手部能处于空间任意方向，要求腕部能实现对空间三个坐标轴 X、Y、Z 的旋转运动。

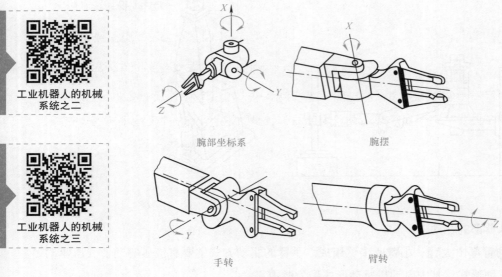

图3-15　腕部的三个运动和坐标系

2. 臂转

臂转是指腕部绕小臂轴线的转动，又称为腕部旋转。有些机器人限制其腕部转动角小于 360°。另一些机器人则仅仅受到控制电缆缠绕圈数的限制，腕部可以转几圈。按腕部转动特点的不同，用于腕部关节的转动又可细分为滚转和弯转两种。滚转是指组成关节的两个零件自身的几何回转中心和相对运动的回转轴线重合，因而实现 360° 转动。无障碍旋转的关节运动，通常用 R 来标记，如图 3-16a 所示。弯转是指两个零件的几何回转中心和其相对转动轴线垂直的关节运动。由于受到结构限制，其相对转动角度一般小于 360°。弯转通常用 B 来标记，如图 3-16b 所示。

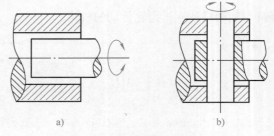

a)　　　　　　　　b)

图3-16　腕部关节的滚转和弯转

a）滚转　b）弯转

3. 手转

手转是指腕部的上下摆动，这种运动也称为俯仰，又称为腕部弯曲，如图 3-15 所示。

4. 腕摆

腕摆指机器人腕部的水平摆动，又称为腕部侧摆。腕部的旋转和俯仰两种运动结合起来可以看成是侧摆运动，通常机器人的侧摆运动由一个单独的关节提供，如图 3-15 所示。

腕部结构多为上述三个回转方式的组合，组合的方式可以有多种形式，常用腕部组合的方式有臂转 - 腕摆 - 手转结构、臂转 - 双腕摆 - 手转结构等，如图 3-17 所示。

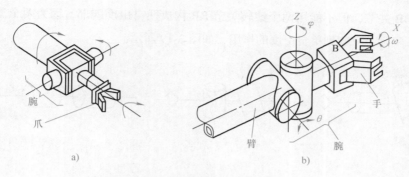

图3-17　腕部的组合方式

a）臂转 - 腕摆 - 手转结构　b）臂转 - 双腕摆 - 手转结构

可见，滚转可以实现腕部的旋转，弯转可以实现腕部的弯曲，滚转和弯转的结合可以实现腕部的侧摆。

3.3.2　机器人腕部的分类

腕部按自由度个数可分为单自由度腕部、两自由度腕部和三自由度腕部。采用几个自由度的腕部应根据工业机器人的工作性能来确定。在有些情况下，腕部具有两个自由度：回转和俯仰或回转和偏转。一些专用机械手甚至没有腕部，但有的腕部为了特殊要求还有横向移动的自由度。

1. 单自由度腕部

（1）单一的臂转功能　机器人的关节轴线与臂部的纵轴线共线，回转角度不受结构限制，可以回转360°。该运动用滚转关节（R关节）实现，如图 3-18a 所示。

（2）单一的手转功能　关节轴线与臂部及手的轴线相互垂直，回转角度受结构限制，通常小于360°。该运动用弯转关节(B关节)实现，如图 3-18b 所示。

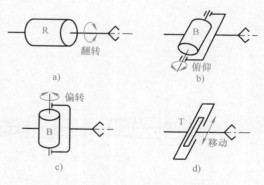

图3-18　单一自由度功能的腕部

a）R关节　b）B关节　c）B关节　d）T关节

（3）单一的腕摆功能　关节轴线与臂部及手的轴线在另一个方向上相互垂直，回转角度受结构限制。该运动用弯转关节（B关节）实现，如图 3-18c 所示。

（4）单一的平移功能　腕部关节轴线与臂部及手的轴线在一个方向上成一平面，不能转动只能平移。该运动用平移关节（T关节）实现，如图 3-18d 所示。

2. 两自由度腕部

机器人腕部可以由一个滚转关节和一个弯转关节联合构成滚转弯转BR关节，或由两个弯转关节组成 BB 关节，但不能用两个滚转关节 RR 构成两自由度腕部，因为两个滚转关节的运动是重复的，实际上只起到单自由度的作用，如图 3-19 所示。

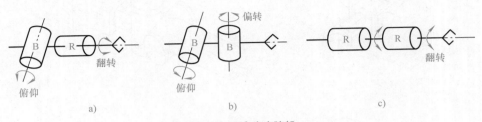

图3-19　两自由度腕部

a）BR 关节　b）BB 关节　c）RR 关节（属于单自由度）

3. 三自由度腕部

由 R 关节和 B 关节组合构成的三自由度腕部可以有多种形式，实现臂转、手转和腕摆功能。可以证明，三自由度腕部能使手部取得空间任意姿态。图 3-20 所示为六种三自由度腕部的结合方式示意图。

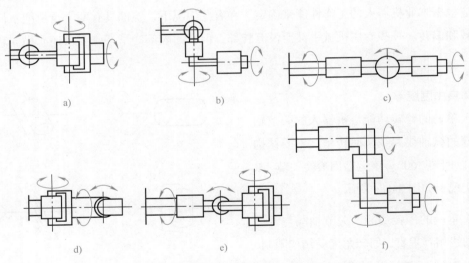

图3-20　六种三自由度腕部的结合方式示意图

a）BBR 型　b）BRR 型　c）RBR 型　d）BRB 型　e）RBB 型　f）RRR 型

3.3.3　机器人腕部的驱动方式

多数机器人将腕部结构的驱动部分安排在小臂上。首先设法使与几个电动机驱动轴同轴旋转的心轴和多层套筒连接，当运动传入腕部后再分别实现各个动作。从驱动方式看，腕部驱动一般有两种形式：直接驱动和远程驱动。

1. 直接驱动

直接驱动是指驱动器安装在腕部运动关节的附近直接驱动关节运动，传动刚度好，但腕部的尺寸和质量大、惯量大，如图 3-21 所示。

驱动源直接装在腕部上，这种直接驱动腕部的关键是能否设计和制造出驱动转矩大、驱动性能好的驱动电动机或液压马达。

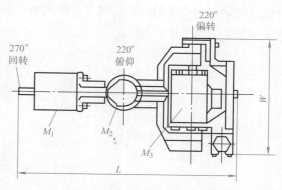

图3-21 液压直接驱动BBR腕部

2. 远程驱动

远程驱动器安装在机器人的大臂、机座或小臂远端，通过机构间接驱动腕部关节运动，因而腕部的结构紧凑，尺寸和质量小，对改善机器人的整体性能有好处，但传动设计复杂，传动刚度也降低了。如图 3-22 所示，轴 I 做回转运动，轴 II 做俯仰运动，轴 III 做偏转运动。

工业机器人传动
结构实训讲解

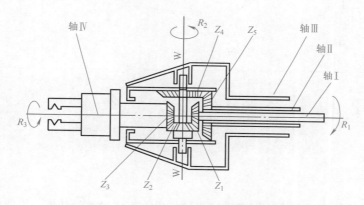

图3-22 远程驱动腕部

3. 机器人的柔顺腕部

一般来说，在用机器人进行精密装配作业中，当被装配零件不一致，工件定位夹具的定位精度不能满足装配要求时，会导致装配困难。这就要求在装配动作时具有柔顺性，柔顺装配技术有两种：主动柔顺装配和被动柔顺装配。

（1）主动柔顺装配　检测、控制的角度，采取各种路径搜索方法，可以实现边校正边装配。如在手爪上安装视觉传感器、力传感器等检测元件，这种柔顺装配称为主动柔顺装配。主动柔顺装配需配备一定功能的传感器，价格较贵。

（2）被动柔顺装配　主动柔顺是利用传感器反馈的信息来控制手爪的运动，以补偿其位姿误差。而被动柔顺是利用不带动力的机构来控制手爪的运动，以补偿其位置误差。在需要被动柔顺装配的机器人结构里，一般是在腕部配置一个角度可调的柔顺环节，以满足柔顺装配的需要。这种柔顺装配技术称为被动柔顺装配（RCC）。被动柔顺装配腕部结构比较简单，价格比较便宜，装配速度快。相比主动柔顺装配技术，被动柔顺装配要求装配件要有倾角，允许的校正补偿量受到倾角的限制，轴孔间隙不能太小。采用被动柔顺装配技术的机器人腕部称为机器人的柔顺腕部，如图 3-23 所示。

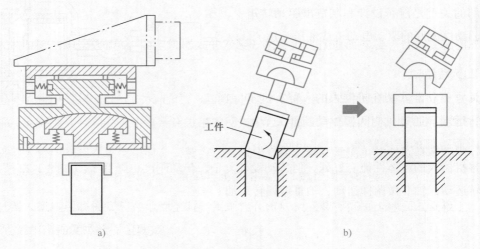

a)   b)

图3-23 柔顺腕部

3.4 工业机器人的末端执行器

3.4.1 机器人的手部分类及特点

机器人的手部是指安装于机器人手臂末端，直接作用于工作对象的装置。工业机器人所要完成的各种操作，最终都必须通过手部来得以实现；同时手部的结构、重量，又对工业机器人的操作有着直接的、显著的影响。

工业机器人简单
操作实训讲解

机器人的手部也称为末端执行器，它是装在机器人腕部上，直接抓握工件或执行作业的部件。人的手有两种定义：一种是医学上把包括上臂、腕部在内的整体称为手；另一种是把手掌和手指部分称为手。机器人的手部接近于后一种定义。

机器人的手部是最重要的执行机构，从功能和形态上看，它可分为工业机器人的手部和仿人机器人的手部。目前，前者应用较多，也比较成熟。工业机器人的手部是用来握持工件或工具的部件。由于被握持工件的形状、尺寸、重量、材质及表面状态的不同，手部结构是多种多样的。大部分的手部结构都是根据特定的工件要求而专门设计的。

1. 手部的分类

人体的手具有许多关节、多个手指，可以巧妙地完成许多复杂的作业，如制作物品、使用工具、做各种手势等。在这些功能中，机器人技术主要关心手的作业功能。人手的作业功能大致可分为抓取和操作两类，而抓取又分为捏、夹、握三小类。每一小类又可分为多种形态。机器人手部设计中，由于机构和控制系统方面的限制，很难设计出像人手那样的通用装置；同时对多数工作现场来说，对机器人的工作要求是有限的，因此机器人手部主要是针对一定的工作对象来进行设计的。

根据手部的结构和在工作中完成的功能，常见的工业机器人手部一般分为三大类：

1）机械手部：指两指～三指、变形指等机械手爪。

2）特殊手部：指吸盘、喷枪、焊枪等特殊末端。

3）通用手部：一般具有2~5指。

2. 机械手部

机械手部是目前应用最广的手部形式，可见于多种的生产线机器人中。它主要是利用开闭的机械机构，来实现特定物体的抓取。其主要的组成部分是手指，利用手指的相对运动就可抓取物体。手指一般采用刚性的，抓取面按物体外形包络线形成凹陷或 V 形槽。多数的机械手部只有两个手指，有时也使用像自定心卡盘式的三指结构，另外还有利用连杆机构使手指形状随手指开闭动作发生一定的变化。

3. 特殊手部

机械手部对于特定对象可保证完成规定作业，但能适应的作业种类有限。在要求能操作大型、易碎或柔软物体的作业中，采用刚性手指的机械手是无法抓取对象的。同时，机械手部一般来说重量、体积较大，给使用带来局限。在这种情况下，需采用适合所要求作业的特殊装置，即特殊手部。同时，根据不同作业要求，准备若干个特殊手部，将它们替换安装，即可以使机器人成为通用性很强的机械，从而机器人的优越性更能得以体现。

根据特殊手部的工作原理，常见的特殊手部有以下三种：气吸式、磁吸式和喷射式。气吸式手部按形成真空或负压的方法可将其分为真空吸附手部、气流负压吸附手部和挤压排气吸附手部。在这几种方式中，真空吸附手部吸附可靠，吸力大，机构简单，价格便宜，应用最为广泛。在目前电视机生产线中，电视机半成品在制造和装配过程中的搬运和位置调整，主要采用真空吸盘吸附手部。工作过程中，吸盘靠近电视机屏幕，真空发生器工作使吸盘吸紧屏幕，实现半成品电视机的抓取和搬运。

磁吸式手部主要是利用电磁吸盘来完成工件的抓取，通过电磁线圈中电流的通断来完成吸附操作。它的优点在于不需要真空源，但它有电磁线圈所特有的一些缺点，如只能适用于磁性材料、吸附完成后有残余磁性等，使其应用受到一定限制。

喷射式手部主要用于一些特殊的使用场合，目前在机械制造业、汽车工业等行业中应用的喷漆机器人、焊接机器人等，其手部均采用喷射式。

在常见的搬运、码垛等作业中，特殊手部与机械手部相比，结构简单、重量轻，同时手部具有较好的柔顺性；但其对于抓取物体的表面状况和材料有比较高的要求，使用寿命也有一定局限。

人类的手是最灵活的肢体部分，能完成各种各样的动作和任务。同样，机器人的手部是完成抓握工件或执行特定作业的重要部件，也需要有多种结构。

4. 机器人手部的特点

（1）手部与腕部相连处可拆卸　手部与腕部有机械接口，也可能有电、气、液接头。工业机器人作业时可方便地拆卸和更换手部。

（2）手部是机器人末端执行器　它可以像人手那样具有手指，也可以不具备手指；可以是类人的手爪，作业的工具，比如装在机器人腕部上的喷漆枪、焊接工具等。

（3）手部的通用性比较差　机器人手部通常是专用的装置，例如，一种手爪往往只能抓握一种尺寸、重量等方面相近似的工件，一种工具只能执行一种作业任务。

3.4.2　机器人的夹持类手部

夹持类手部除常用的夹钳式外，还有钩托式和弹簧式。此类手部按其手指夹持工件时的运动方式不同，又可分为手指回转型和指面平移型。

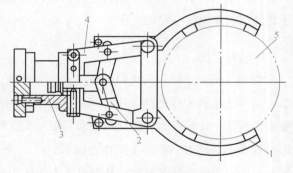

图3-24　夹钳式手部的组成
1—手指　2—传动机构　3—驱动机构　4—支架　5—工件

夹钳式是工业机器人最常用的一种手部形式。夹钳式一般由手指、驱动装置、传动机构和支架等组成，如图3-24所示。

1. 夹钳式手部的手指

手指是直接与工件接触的构件。手部松开和夹紧工件是通过手指的张开和闭合来实现的。一般情况下，机器人的手部只有两个手指，少数有三个或多个手指。它们的结构形式取决于被夹持工件的形状和特性。根据工件形状、大小及被夹持部位材质的软硬、表面性质等的不同，手指的指面有光滑指面、齿形指面和柔性指面三种形式。对于夹钳式手部，其手指材料可选用一般碳素钢和合金钢。为使手指经久耐用，指面可镶嵌硬质合金；高温作业的手指可选耐热钢；在气体环境下工作的手指，可镀铬或进行搪瓷处理，也可选用耐腐蚀的玻璃钢或聚四氟乙烯。

2. 夹钳式手部的驱动

夹钳式手部通常采用气动、液动、电动和电磁来驱动手指的开合。气动手爪因为有结构简单、成本低、容易维修，而且开合迅速、重量轻许多突出的优点，所以目前得到广泛的应用。

其缺点是空气介质的可压缩性使爪钳位置控制复杂。液压驱动手爪成本稍高一些。电动手爪的优点是手指开合电动机的控制与机器人控制可以共用一个系统，但是夹紧力比气动手爪和液压手爪小，开合时间比它们长。电磁手爪控制信号简单，但是电磁夹紧力与爪钳行程有关，因此，只用在开合距离小的场合。

3. 夹钳式手部的传动

驱动源的驱动力通过传动机构驱使手指或爪产生夹紧力。传动机构是向手指传递运动以实现夹紧和松开动作的机构。夹钳式手爪还常以传动机构来命名，如图3-25所示。一般对传动机构有运动要求和夹紧力要求。如图3-25所示的齿轮齿条式手爪可保持爪钳运动，夹持宽度变化大。对夹紧力的要求是爪钳开合度不同时，夹紧力能保持不变。

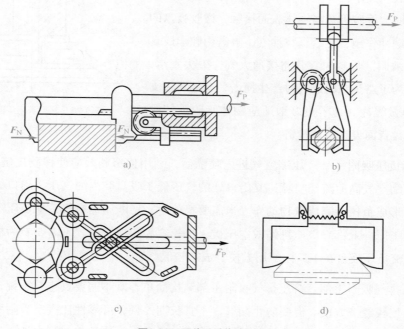

图3-25　四种手爪传动机构

a）齿轮齿条式手爪　b）拨杆杠杆式手爪　c）滑槽式手爪　d）重力式手爪

3.4.3　机器人的吸附式手部

吸附式手部靠吸附力取料。根据吸附力的不同手部有气吸附和磁吸附两种。吸附式手部适用于大平面（单面接触无法抓取）、易碎（玻璃、磁盘）、微小（不易抓取）的物体，因此适用范围较广。

1. 气吸式手部

气吸式手部是工业机器人常用的一种吸持工件的装置。它由吸盘（一个或几个）、吸盘架及进排气系统组成。气吸式手部具有结构简单、重量轻、使用方便可靠等优点，主要用于搬运体积大，重量轻的零件（如冰箱壳体、汽车壳体等），也广泛用于需要小心搬运的物件（如显像管、平板玻璃等），以及非金属材料（如板材、纸张等）或其他材料的吸附搬运。

气吸式手部的另一个特点是对工件表面没有损伤，且对被吸持工件预定的位置精度要求不高；但要求工件上与吸盘接触部位光滑平整、清洁，被吸工件材质致密，没有透气空隙。气吸式手部是利用吸盘内的压力与大气压之间的压力差工作的。按形成压力差的方法不同，气吸式手部可分为真空吸附手部、气流负压吸附手部、挤压排气吸附手部三种。

（1）真空吸附手部　采用真空泵能保证吸盘内持续产生负压，所以这种吸盘比其他形式吸盘的吸力大。图3-26所示为真空吸附手部的结构。主要零件为橡胶吸盘1，通过固定环2安装在支承杆4上，支承杆由螺母6固定在基板5上。取料时，橡胶吸盘与物体表面接触，橡胶吸盘的边缘起密封和缓冲作用，然后真空抽气，吸盘内腔形成真空，进行吸附取料。放料时，管路接通大气，失去真空，物体被放下。为了避免在取放料时产生撞击，有的还在支承杆上配有弹簧缓冲。为了更好地适应物体吸附面的倾斜，在橡胶吸盘背面设计有球铰链。

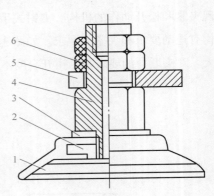

图3-26　真空吸附手部的结构

1—橡胶吸盘　2—固定环　3—垫片
4—支承杆　5—基板　6—螺母

（2）气流负压吸附手部　压缩空气进入喷嘴后，利用伯努利效应使橡胶皮碗内产生负压，要取物时，压缩空气高速流经喷嘴，其出口处的气压低于吸盘腔内的气压，出口处的气体被高速气流带走而形成负压，完成取物动作。当需要释放时，切断压缩空气，即负压吸附手部需要的压缩空气。工厂一般都有空压机站或空压机，比较容易获得空压，不需要专为机器人配置真空泵，所以气流负压吸盘在工厂内使用方便，成本较低。

（3）挤压排气吸附手部　挤压排气吸附手部结构简单，既不需要真空泵系统，也不需要压缩空气气源，比较经济方便。但要防止漏气，不宜长期停顿，可靠性比真空吸附手部和气流负压吸附手部差。挤压排气吸附手部的吸力计算是在假设吸盘与工件表面气密性良好的情况下进行的，利用热力学定律和静力平衡公式计算内腔最大负压和最大极限吸力。对市场供应的三种型号耐油橡胶吸盘进行吸力理论计算及实测的结果（理论计算误差主要由假定工件表面为理想状况造成）表明，在工件表面清洁度、平滑度较好的情况下牢固吸附时间可达到30s，能满足一般工业机器人工作循环时间的要求。

（4）真空吸盘的新设计

1）自适应吸盘。图3-27所示的自适应吸盘具有一个球关节，使吸盘能倾斜自如，适应工件表面倾角的变化，这种自适应吸盘在实际应用中获得了良好的效果。

2）异形吸盘。图3-28所示为异形吸盘中的一种。通常吸盘只能吸附一般的平整工件，而该异形吸盘可用来吸附鸡蛋、锥颈瓶等物件，扩大了真空吸盘在工业机器人上的应用。

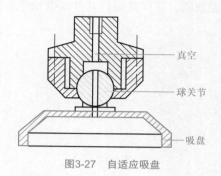

图3-27 自适应吸盘

真空
球关节
吸盘

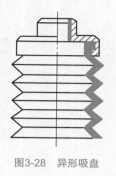

图3-28 异形吸盘

2. 磁吸式手部

磁吸式手部是利用永久磁铁或电磁铁通电后产生的磁力来吸附工件的，应用较广。磁吸式手部不会破坏被吸件表面质量。

（1）磁吸式手部的特点　磁吸式手部比气吸式手部优越的方面是：有较大的单位面积吸力，对工件表面粗糙度及通孔、沟槽等无特殊要求。磁吸式手部的不足之处是：被吸工件存在剩磁，吸附头上常吸附磁性屑（如铁屑等），影响正常工作。因此对那些不允许有剩磁的零件应禁止使用，如钟表零件及仪表零件，不能选用磁力吸盘，可用真空吸盘。电磁吸盘只能吸住铁磁材料制成的工件，如钢铁等黑色金属工件，吸不住有色金属和非金属材料的工件。对钢、铁等材料制品，温度超过723℃就会失去磁性，故在高温时有些机器人无法使用磁吸式手部。磁力吸盘要求工件表面清洁、平整、干燥，以保证可靠地吸附。

（2）磁吸式手部的原理　磁吸式手部按磁力来源不同可分为永久磁铁手部和电磁铁手部。电磁铁手部由于供电不同又可分为交流电磁铁手部和直流电磁铁手部。

图3-29所示为电磁铁手部的结构。在线圈通电的瞬时，由于空气间隙的存在，磁阻很大，线圈的电感和启动电流很大，这时产生磁性吸力将工件吸住，一旦断电，磁性吸力消失，工件松开。若采用永久磁铁作为吸盘，则必须强迫性地取下工件。磁力吸盘的计算主要是电磁吸盘中电磁铁吸力的计算以及铁心截面面积、线圈导线直径和其他参数的设计。要根据实际应用环境选择工作情况系数和安全系数。

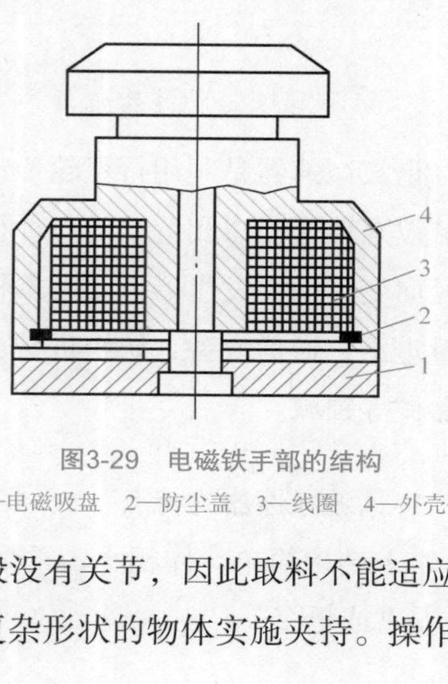

图3-29 电磁铁手部的结构

1—电磁吸盘　2—防尘盖　3—线圈　4—外壳体

3.4.4 多指灵活手

大部分工业机器人的手部只有两个手指，而且手指上一般没有关节，因此取料不能适应外形的变化，不能使物体表面承受比较均匀的夹持力，无法对复杂形状的物体实施夹持。操作机器人手部和腕部最完美的形式是模仿人手的多指灵活手。多指灵活手由多个手指组成，每一个手指有三个回转关节，每一个关节自由度都是独立控制的，这样能模仿各种复杂动作。图3-30所示为四指灵活手。

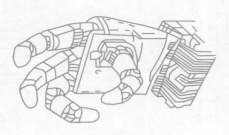

图3-30　四指灵活手

3.5　工业机器人的传动机构

在工业机器人中，减速器是连接机器人动力源和执行机构的中间装置，是保证工业机器人实现到达目标位置的精确度的核心部件。通过合理地选用减速器，可精确地将机器人动力源转速降到工业机器人各部位所需要的速度。与通用减速器相比，应用于机器人关节处的减速器应当具有传动链短、体积小、功率大、重量轻和易于控制等特点。

目前应用于工业机器人的减速器产品主要有三类，分别是谐波减速器、RV减速器和摆线针轮减速器，关节机器人主要采用谐波减速器和RV减速器。在关节机器人中，由于RV减速器具有更高的刚度和回转精度，一般将RV减速器放置在机座、大臂、肩部等重负载的位置，而将谐波减速器放置在小臂、腕部或手部等轻负载的位置。

3.5.1　工业机器人的谐波减速器

谐波减速器是利用行星轮传动原理发展起来的一种新型减速器，是依靠柔性零件产生弹性机械波来传递动力和运动的一种行星轮传动。谐波减速器由固定的内齿刚轮、柔轮和使柔轮发生径向变形的波发生器三个基本构件组成。该减速器广泛用于航空、航天、工业机器人、机床微量进给、通信设备、纺织机械、化纤机械、造纸机械、差动机构、印刷机械、食品机械和医疗器械等领域。

1. 谐波减速器的特点

1）结构简单、体积小、重量轻。它与传动比相当的普通减速器比较，体积和重量均减少1/3左右或更多。

2）传动比范围大。单级谐波减速器传动比可在 50~300 之间，优选在 75~250 之间；双级谐波减速器传动比可在 3000 ~ 60 000 之间；复波谐波减速器传动比可在 200 ~140 000 之间。

3）同时啮合的齿数多，传动精度高，承载能力大。

4）运动平稳、无冲击、噪声小。谐波减速器齿轮间的啮入、啮出是随着柔轮的变形，逐渐进入和逐渐退出刚轮齿间的，啮合过程中以齿面接触，滑移速度小，且无突然变化。

5）传动效率高，可实现高增速运动。

6）可实现差速传动。由于谐波齿轮传动的三个基本构件中，可以任意两个主动、第三个从动，因此如果让波发生器和刚轮主动、柔轮从动，就可以构成一个差动传动机构，从而方便实现快、慢速工作状况的转换。

2. 谐波减速器的结构

如图 3-31 所示，谐波减速器由具有内齿的刚轮、具有外齿的柔轮和波发生器组成。通常波发生器为主动件，而刚轮和柔轮之一为从动件，另一个为固定件。

（1）波发生器 波发生器与输入轴相连，对柔轮齿圈的变形起产生和控制的作用。它由一个椭圆形凸轮和一个薄壁的柔性轴承组成。柔性轴承不同于普通轴承，它的外环很薄，容易产生径向变形，在未装入凸轮之前环是圆形的，装上之后为椭圆形。

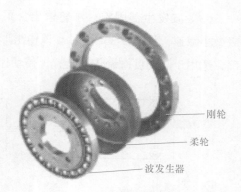

刚轮

柔轮

波发生器

图3-31 谐波减速器的结构

（2）柔轮 柔轮有薄壁杯形、薄壁圆筒形或平嵌式等多种。薄壁圆筒形柔轮的开口端外面有齿圈，它随波发生器的转动而变形，筒底部分与输出轴连接。

（3）刚轮 刚轮是一个刚性的内齿轮。双波谐波传动的刚轮通常比柔轮多两齿。谐波齿轮减速器多以刚轮固定，外部与箱体连接。

3. 谐波减速器的工作原理

波发生器通常是椭圆形的凸轮，将凸轮装入薄壁轴承内，再将它们装入柔轮内。此时柔轮由原来的圆形变成椭圆形，椭圆长轴两端的柔轮与刚轮轮齿完全啮合，形成啮合区（一般有 30% 左右的齿处在啮合状态）；椭圆短轴两端的柔轮齿与刚轮齿完全脱开。在波发生器长轴和短轴之间的柔轮齿，沿柔轮周长的不同区段内，有的逐渐退出刚轮齿间，处在半脱开状态，称为啮出；有的逐渐进入刚轮齿间，处在半啮合状态，称为啮入。波发生器在柔轮内转动时，迫使柔轮产生连续的弹性变形，波发生器的连续转动使柔轮齿循环往复地进行啮入—啮合—啮出—脱开这四种状态，不断改变各自原来的啮合状态，如图 3-32 所示。

4.谐波减速器的传动形式

单级谐波齿轮常见的传动形式如图 3-33 所示。

（1）刚轮固定，柔轮输出　刚轮固定不变，以波发生器为主动件，柔轮为从动件，如图 3-33a 所示。该输出形式结构简单，传动比范围较大，效率较高，应用广泛，传动比 i=75~500。

（2）柔轮固定，刚轮输出　波发生器主动，单级减速，如图 3-33b 所示。该输出形式结构简单，传动比范围较大，效率较高，可用于中小型减速器，传动比 i=75~500。

（3）波发生器固定，刚轮输出　柔轮主动，单级微小减速，如图 3-33c 所示。该输出形式传动比准确，适用于高精度微调传动装置，传动比 i=1.002~1.015。

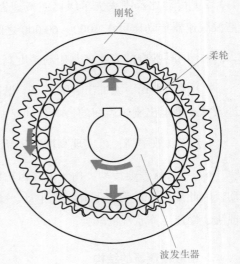

图3-32　谐波减速器的工作原理

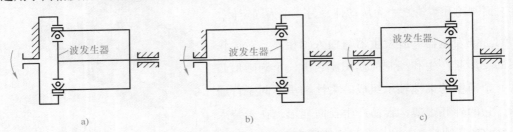

a)　　　　　　　　　　b)　　　　　　　　　　c)

图3-33　单级谐波齿轮常见的传动形式

a）刚轮固定，柔轮输出　b）柔轮固定，刚轮输出　c）发生器固定，刚轮输出

3.5.2　工业机器人的RV减速器

RV 减速器的传动装置采用的是一种新型的二级封闭行星轮系，是在摆线针轮传动基础上发展起来的一种新型传动装置，不仅克服了一般摆线针轮传动的缺点，而且因为具有体积小、重量轻、传动比范围大、寿命长、精度保持稳定、效率高、传动平稳等一系列优点，日益受到国内外的广泛关注，在机器人领域占有主导地位。RV 减速器与机器人中常用的谐波减速器相比，具有较高的疲劳强度、刚度和寿命，而且回差精度稳定，不像谐波减速器那样随着使用时间增长，运动精度显著降低，因此世界上许多高精度机器人传动装置多采用 RV 减速器。

1.RV减速器的特点

1）传动比范围大，传动效率高。

2）扭转刚度大，远大于一般摆线针轮减速器的输出机构。

3）在额定转矩下，弹性回差误差小。

4）传递同样转矩与功率时，RV 减速器较其他减速器体积小。

2. RV减速器的结构

如图 3-34 所示，RV 减速器主要由齿轮轴、行星轮、曲柄轴、摆线轮、针轮、刚性盘和输出盘等结构组成。

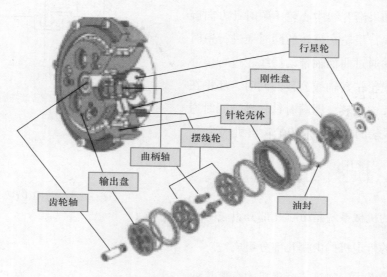

图3-34　RV减速器结构图

（1）齿轮轴　齿轮轴又称为渐开线中心轮，用来传递输入功率，且与渐开线行星轮互相啮合。

（2）行星轮　与曲柄轴固连，均匀分布在一个圆周上，起功率分流的作用，将齿轮轴输入的功率分流传递给摆线轮行星机构。

（3）曲柄轴　曲柄轴是摆线轮的旋转轴。它的一端与行星轮相连接，另一端与支承圆盘相连接。既可以带动摆线轮产生公转，也可以使摆线轮产生自转。

（4）摆线轮　为了在传动机构中实现径向力的平衡，一般要在曲柄轴上安装两个完全相同的摆线轮，且两摆线轮的偏心位置相互成180°。

（5）针轮　针轮上安装有多个针齿，与壳体固连在一起，统称为针轮壳体。

（6）刚性盘　刚性盘是动力传动机构，其上均匀分布轴承孔，曲柄轴的输出端通过轴承安装在这个刚性盘上。

（7）输出盘　输出盘是减速器与外界从动工作机相连接的构件，与刚性盘相互连接成为一体，输出运动或动力。

3. RV减速器的工作原理

图 3-35 所示为 RV 传动简图。RV 传动装置是由第一级渐开线圆柱齿轮行星减速机构和第二级摆线针轮行星减速机构两部分组成。渐开线行星轮 2 与曲柄轴 3 连成一体，作为摆线针轮传动部分的输入。如果渐开线中心轮 1 顺时针方向旋转，那么渐开线行星轮在公转的同时还进行逆时针方向自转，并通过曲柄轴带动摆线轮进行偏心运动，此时摆线轮在其轴线公转的同时，还将在针齿的作用下反向自转，即顺时针转动。同时通过曲柄轴将摆线轮的转动等速传给输出机构。

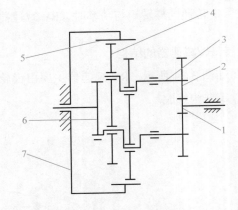

图3-35　RV传动简图

1—渐开线中心轮　2—渐开线行星轮　3—曲柄轴

4—摆线轮　5—针齿　6—输出盘　7—针齿壳（机架）

思考练习题

1. 机器人的机械系统是由哪几部分组成的？

2. 机器人的行走机构由哪几部分组成？

3. 举例说明无固定轨迹式行走机构有哪几种。

4. 履带式行走机构有哪些特点？

5. 工业机器人臂部的作用是什么？是由哪些部分组成的？

6. 工业机器人臂部有哪几种配置形式？各有什么特点？

7. 常见的工业机器人手部如何分类？

8. 机器人手部的特点有哪些？

9. 夹钳式机器人手部由哪几部分组成？其运动是靠什么来驱动的？

10. 谐波减速器的特点有哪些？

11. 谐波减速器的传动形式有哪些？各有什么特点？

12. RV 减速器的特点有哪些？

13. RV 减速器是由哪几部分组成的？

第4章
CHAPTER 4

工业机器人的动力系统

工业机器人的动力系统（见图4-1）是驱使执行机构运动的装置，它将电能或流体能等转换成机械能，按照控制系统发出的指令信号，借助于动力元件使工业机器人完成指定的工作任务。它是使机器人运动的动力机构，是机器人的心脏。该系统输入的是电信号，输出的是线、角位移量。工业机器人的动力系统按动力源不同分为液压驱动、气动驱动和电动驱动三大类，也可根据需要由这三种基本类型组合成复合式的驱动系统。工业机器人以高精度和高效率为主要特征在各行各业广泛使用，采用电动机驱动最为普遍，但对于大型作业的机器人往往使用液压传动，较为简单的或要求防爆的机器人可采用气动执行机构。

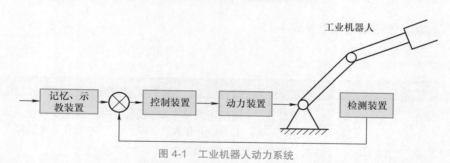

图 4-1　工业机器人动力系统

4.1　工业机器人动力系统的类型和组成

4.1.1　工业机器人动力系统的类型

工业机器人动力系统按动力源不同可分为液压动力系统、气动动力系统和电动动力系统三大类。

1. 液压动力系统

液压动力系统是利用储存在液体内的势能驱动工业机器人运动的系统，主要包括直线位移或旋转式活塞、液压伺服系统。液压伺服系统是利用伺服阀改变液流截面，与控制信号成比例地调节流速的一种方式。液压驱动的特点是动力大，力或力矩惯量比大，响应快速，易于实现直接驱动等，故适于在承载能力大、惯量大、防爆环境条件下使用。但由于要进行电能转换为液压能的能量转换，速度控制多采用节流调速，效率比电动驱动要低，液压系统液体泄漏会对环境造成污染，工作噪声较高，一般中低负载的机器人动力驱动系统多采用电动系统。

2.气动动力系统

气动动力系统是利用气动压力驱动工业机器人运动的系统，一般由活塞和控制阀组成。其特点是速度快，系统结构简单，维修方便，价格低廉，适于中小负荷机器人使用。但实现伺服控制困难，多用于程序控制的机器人中，如上下料、冲压等。

3.电动动力系统

电动动力系统有步进电动机驱动、直流伺服电动机驱动和交流伺服电动机驱动等方式。近十年来，低惯量、大转矩交直流伺服电动机及其配套的伺服驱动器广泛用于各类机器人中。其特点是：不需能量转换，使用方便，噪声较低，控制灵活。大多数电动机后面需装精密的传动机构，直流有刷电动机不能用于要求防爆的环境中。近几年又开发了直接驱动电动机，使机器人能快速、高精度定位，已广泛用于装配机器人中。

上述三种动力系统的优缺点见表 4-1。

表 4-1 工业机器人三种动力系统的比较分析

动力系统	优点	缺点	应用领域
液压	响应快速，结构易于标准化，节流效率较高，负载能力大	液压密封易出现问题，在一定条件下有火灾危险	常用于喷涂工业机器人和大负载工业机器人中
气动	响应快速，结构简单，易于标准化，安装要求不太高，成本低	高于 10 个大气压有爆炸的危险	多用于点位控制的搬运机器人中
电动	结构简单，控制灵活，精度高	直流有刷电动机防爆性能较差	应用于各类精度较高的弧焊、装配工业机器人中

4.1.2 工业机器人动力系统的组成

工业机器人的动力系统包括动力装置和传动机构两大部分，动力装置是为工业机器人执行机构提供执行任务的动力来源，传动机构是把动力装置的动力传递给执行机构的中间设备。

1.工业机器人的动力装置

（1）气动动力系统的动力装置 气动动力系统的动力装置如图 4-2 所示，其具体组

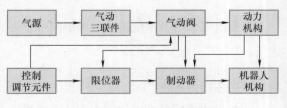

图4-2 气动动力系统的动力装置

成如下：

1）气源。气动动力系统可直接使用压缩空气站的气源或自行设置气源，使用的气体压力约为 0.5 ~ 0.7MPa，流量为 200 ~ 500L/h。

2）控制调节元件。控制调节元件包括气动阀（常用的有电磁气阀、节流阀、减压阀）、快速排气阀、调压器、制动器、限位器等。

3）辅助元件与装置。辅助元件与装置包括分水滤气器、油雾器、储气罐、压力表及管路等。通常把分水滤气器、油雾器和调压器做成组装式结构，称为气动三联件。

4）动力机构。机器人中用的是直线气缸和摆动气缸。直线气缸分单作用式和双作用式两种，多数用双作用式，也有的用单作用式，如手爪机构。摆动气缸主要用于机器人的回转关节，如腕关节。

5）制动器。由于气缸活塞的速度较高，因此要求机器人准确定位时，需采用制动器。制动方式有反压制动，常用的制动器有气动节流装置、液压阻尼或弹簧式阻尼机构。

6）限位器。限位器包括接触式和非接触式限位开关、限位挡块式锁紧机构。

（2）液压动力系统的动力装置　液压动力系统的动力装置的具体组成如下：

1）油源。通常把由油箱、滤油器和压力表等构成的单元称为油源。通过电动机带动液压泵，把油箱中的低压油变为高压油，供给液压执行机构。机器人液压系统的油液工作压力一般为 7 ~ 14MPa。

2）执行机构。液压系统的执行机构分为直线液压缸和回转液压缸。回转液压缸又称液压马达，其转角为 360° 或以上；转角小于 360° 的称为摆动液压缸。工业机器人运动部件的直线运动和回转运动，绝大多数都直接由直线液压缸和回转液压缸驱动产生，称为直接驱动方式；有时由于结构安排的需要，也可以用直线液压缸或回转液压缸经转换机构而产生回转或直线运动。

3）控制调节元件。控制调节元件有控制整个液压系统压力的溢流阀，控制油液流向的电磁阀、单向阀，调节油液流量（速度）的单向节流阀、单向行程节流阀。

4）辅助元件。辅助元件包括蓄能器、管路、管接头等。

液压动力系统中应用较多的动力装置是伺服控制驱动型的。电液伺服驱动系统由电液伺服阀、液压缸及反馈部分构成，如图4-3所示。电液伺服驱动系统的作用是通过电气元件与液压元件组合在一起的电液伺服阀，把输入的微弱电控信号经电气机械转换器变换为力矩，经放大后驱动液压阀，进而达到控制液压缸的高压液流的流量和压力的目的。

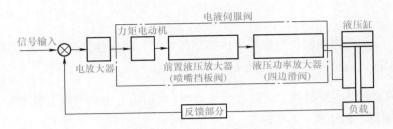

图4-3 工业机器人电液伺服驱动系统

（3）电动动力系统的动力装置 图4-4所示为电动动力系统的动力装置主要组成部分有：位置比较器、速度比较器、信号和功率放大器、驱动电动机、减速器以及构成闭环伺服驱动系统不可缺少的位置和速度检测元件。采用步进电动机的驱动系统没有反馈环节，构成的是开环系统。

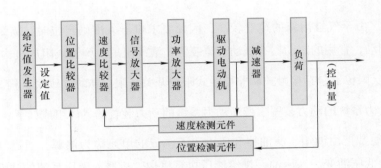

图4-4 电动动力系统的动力装置

工业机器人常用的驱动电动机有直流伺服电动机、交流伺服电动机和步进电动机。直流伺服电动机的控制电路较简单，价格较低廉，但电动机电刷有磨损，需定时调整及更换，既麻烦又影响性能，电刷还能产生火花，易引爆可燃物质，有时不够安全。交流伺服电动机结构较简单，无电刷，运行安全可靠，但控制电路较复杂，价格较高。步进电动机是以电脉冲使其转子产生转角，控制电路较简单，也不需要检测反馈环节，因此价格较低廉，但步进电动机的功率不大，不适用于大负荷的工业机器人。

机器人的直流伺服电动机、步进电动机多数应用脉冲宽度调制PWM（Pulse Width Modulation）伺服驱动器来控制机器人的动作，它的调速范围宽，低速性能好，响应快，效率高。直流伺服电动机的PWM伺服驱动器的电源电压固定不变，用大功率晶体管作为具有固定开关频率的开关元件，通过改变脉冲宽度来改变施加在电动机电枢端的电压值，以实现改变电动机转速的目的。

交流伺服电动机的交流PWM变频调速伺服驱动器中的速度调节器将给定速度信号与电动机的速度反馈信号进行比较，产生的给定电流信号同电动机的转子位置信号共同控制电流函数发生器，产生相电流给定值，经过电流调节器后送至大功率晶体管基极驱动电路，驱动晶体管产生相电流，以控制交流伺服电动机的转速。

2. 工业机器人的传动机构

工业机器人的传动机构用来把动力装置的动力传递到关节和动作部位。机器人的传动系统要求结构紧凑，重量轻，转动惯量和体积小，消除传动间隙，保证运动和位置精度。工业机器人传动装置除蜗杆传动、带传动、链传动和行星轮传动外，还常用滚珠丝杠传动、谐波传动、钢带传动、同步带传动、绳轮传动、流体传动、连杆传动及凸轮传动。

（1）谐波传动机构　谐波传动在运动学上是一种具有柔性齿圈的行星传动，它在工业机器人上获得了广泛的应用。谐波发生器通常由凸轮或偏心安装的轴承构成。刚轮为刚性齿轮，柔轮为能产生弹性变形的齿轮。当谐波发生器连续旋转时，产生的机械力使柔轮变形，变形曲线为一条基本对称的谐波曲线。发生器波数表示谐波发生器转一周时，柔轮某一点变形的循环次数。图4-5 所示为谐波传动机构的结构。由于谐波发生器 4 的转动使柔轮 5 上的柔轮齿圈 2 与刚轮（圆形花键轮）6 上的刚轮内齿圈 3 相啮合。1 为输入轴，如果刚轮 6 固定，则轴 7 为输出轴；如果轴 7 固定，则刚轮 6 的轴为输出轴。

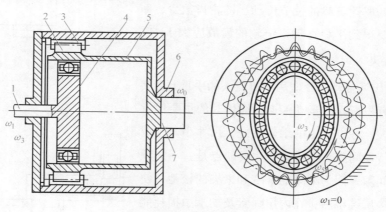

图4-5　谐波传动机构的结构

1—输入轴　2—柔轮齿圈　3—刚轮内齿圈　4—谐波发生器　5—柔轮　6—刚轮　7—轴

（2）丝杠传动机构　丝杠传动机构有滑动式、滚珠式和静压式等。工业机器人传动用的丝杠具备结构紧凑、间隙小和传动效率高等特点。滑动式丝杠螺母机构是连续的面接触，传动中不会产生冲击，传动平稳，无噪声，能自锁。因丝杠的螺旋升角较小，所以用较小的驱动转矩可获得较大的牵引力。但是丝杠螺母螺旋面之间的摩擦为滑动摩擦，故传动效率低。滚珠丝杠传动效率高，而且传动精度和定位精度都很高，传动时灵敏度和平稳性也很好。由于磨损小，滚珠丝杠的使用寿命比较长，但成本较高。

图4-6 所示为工业机器人采用丝杠螺母传动的手臂升降机构。由电动机 2 带动蜗杆 1 使蜗轮 5 回转，依靠蜗轮内孔的螺纹带动丝杠 4 做升降运动。为了防止丝杠转动，在丝杠上端铣有花键，与固定在箱体 6 上的花键套 7 组成导向装置。

（3）带传动和链传动 带传动和链传动用于传递平行轴之间的回转运动，或把回转运动转换成直线运动。工业机器人中的带传动和链传动分别通过带轮或链轮传递回转运动，有时还用来驱动平行轴之间的小齿轮。

1）同步带传动。同步带的传动面上有与带轮啮合的梯形齿。同步带传动时无滑动，初始张力小，被动轴的轴承不易过载。因无滑动，它除了用作动力传动外，还适用于定位。同步带传动属于低惯性传动，适合在电动机和高速比减速器之间使用。

2）滚子链传动。滚子链传动属于比较完善的传动机构，由于噪声小，效率高，因此得到了广泛的应用。但是，高速运动时滚子与链轮之间的碰撞会产生较大的噪声和振动，只有在低速时才能得到满意的效果，即滚子链传动适合低惯性负载的关节传动。链轮齿数少，摩擦力会增加，要得到平稳运动，链轮的齿数应大于17，并尽量采用奇数齿。

3）绳传动。绳传动广泛应用于机器人的手爪开合传动，特别适合有限行程的运动传递。绳传动的主要优点是钢丝绳强度大，各方向上的柔软性好，尺寸小，预载后有可能消除传动间隙。绳传动的主要缺点是：不加预载时存在传动间隙；因为绳索的蠕变和索夹的松弛，使传动不稳定；多层缠绕后，在内层绳索及支承中损耗能量；效率低；易积尘垢。

4）钢带传动。钢带传动的优点是传动比精确，传动件质量小，惯量小，传动参数稳定，柔性好，不需要润滑，强度高。钢带末端紧固在驱动轮和被驱动轮上，因此，摩擦力不是传动的重要因素。钢带传动适合有限行程的传动。钢带传动已成功应用在ADEPT机器人上，其以1:1速比的直接驱动在立轴和小臂关节轴之间进行远距离传动，如图4-7所示。

5）杆、连杆与凸轮传动。重复完成简单动作的搬运机器人广泛采用杆、连杆与凸轮机构，例如从某位置抓

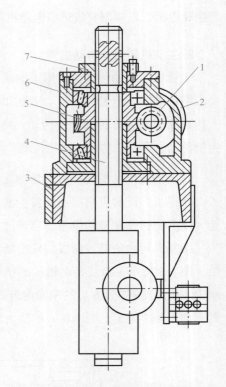

图4-6 工业机器人采用丝杠螺母传动的手臂
升降机构

1—蜗杆 2—电动机 3—臂架 4—丝杠
5—蜗轮 6—箱体 7—花键套

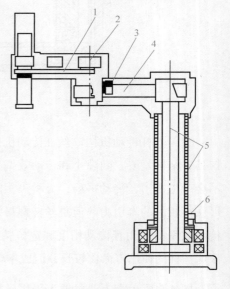

图4-7 采用钢带传动的ADEPT机器人

1—带传动 2—电动机 3、6—编码器
4—钢带传动 5—驱动轴

取物体放在另一位置上的作业。连杆机构的特点是用简单的机构就可得到较大的位移，如图4-8所示。而凸轮机构具有设计灵活、可靠性高和形式多样等特点。外凸轮机构是最常见的凸轮机构，它借助弹簧可得到较好的高速性能；内凸轮驱动时要求有一定的间隙，其高速性能不如外凸轮机构；圆柱凸轮用于驱动摆杆，而摆杆在与凸轮回转方向平行的面内摆动，如图4-9所示。

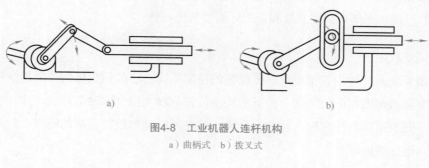

图4-8　工业机器人连杆机构

a）曲柄式　b）拨叉式

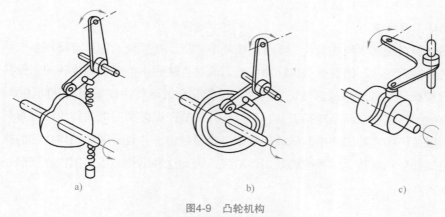

图4-9　凸轮机构

a）外凸轮　b）内凸轮　c）圆柱凸轮

4.2　交流伺服系统

　　伺服系统的发展经历了从液压、气动到电气的过程，而电气伺服系统包括伺服电动机、反馈装置和控制器。20世纪60年代以直流伺服系统为主体，70年代以后交流伺服系统的性价比不断提高，逐渐取代直流伺服系统成为伺服系统的主流。采用交流伺服电动机作为执行元件的伺服系统称为交流伺服系统。在交流伺服系统中，电动机的类型有永磁同步交流伺服电动机和感应异步交流伺服电动机。采用永磁同步交流伺服电动机的伺服系统多用于机床进给传动控制、工业机器人关节传动控制以及其他需要运动和位置控制的场合，因为永磁同步交流伺服电动机具备十分优良的低速性能，可以实现弱磁高速控制，调速范围广，动态特性和效率都很高，所以已经成为伺服系统的主流之选。而异步伺服电动机虽然结构坚固、制造简单、价格低廉，但是在特性和效率上与永磁同步交流伺服电动机存在差距，只在大功率场合得到重视，多用于机床主轴转速和其他调速系统。

4.2.1　交流伺服系统的分类

交流伺服系统具有很多分类方式，但大多数情况下按照系统是否闭环分类，交流伺服系统分为开环伺服系统、半闭环伺服系统和全闭环伺服系统三种。

1. 开环伺服系统

开环伺服系统是一种没有位置或速度反馈的控制系统，它的伺服机构按照指令装置发来的移动指令，驱动机械做相应的运动。系统的输出位移与输入指令脉冲个数成正比，所以在控制整个系统时，只要精确地控制输入脉冲的个数，就可以准确地控制系统的输出，但是这种系统精度比较低，运行不是很平稳。

2. 半闭环伺服系统

半闭环伺服系统属于闭环系统，具有反馈环节，所以在原理上它具有闭环系统的一切特性和功能。它的检测元件与伺服电动机同轴相连，通过直接测出电动机轴旋转的角位移或角速度可推知执行机械的实际位移或速度，它对实际位置移动或运行速度采用的是间接测量的方法，所以半闭环伺服系统存在测量转换误差，而且环外的节距误差和间隙误差也没有得到补偿。但是半闭环伺服系统在它的闭环中非线性因素少，容易整定，并且半闭环结构使它的执行机械与电气自动控制部分相对独立，系统的通用性增强，因此这种结构是当前国内外伺服系统中最普遍采用的方案。

3. 全闭环伺服系统

全闭环伺服系统是一种真正的闭环伺服系统。全闭环伺服系统在结构上与半闭环伺服系统是一样的，只是它的检测元件直接安装在系统的最终运动部件上，系统反馈的信号是整个系统真正的最终输出。

4.2.2　交流伺服电动机的类型

1. 感应异步交流伺服电动机

感应异步交流伺服电动机的结构分为两大部分，即定子部分和转子部分。在定子铁心中安放着空间成 90° 的两相定子绕组，其中一相为励磁绕组，始终通以交流电压；另一相为控制绕组，输入同频率的控制电压，改变控制电压的幅值或相位可实现调速。转子的结构通常为笼型。

2. 永磁同步交流伺服电动机

永磁同步交流伺服电动机主要由转子和定子两大部分组成。在转子上装有特殊形状高性能的永磁体，用以产生恒定磁场，无需励磁绕组和励磁电流。在电动机的定子铁心上绕有三相电枢绕组，接在可控的变频电源上。为了使电动机产生稳定的转矩，电枢电流磁动势与磁极同步旋转，因此在结构上还必须装有转子上永磁体的磁极位置检测，随时检测出磁极的位置，并以此为依据使电枢电流实现正交控制。这就是说，同步伺服电动机实际上包括定子绕组、转子磁极及磁极位置传感器三大部分。为了检测电动机的实际运行速度，或者进行位置控制，通常在电动机轴的非负载端安装速度传感器和位置传感器，如测速发动机、光电码盘等。

根据永磁体励磁磁场在定子绕组中感应出的电动势波形不同，交流永磁同步电动机分为两种：一种输入电流为方波，相感应电动势波形为梯形波，该类电动机称为无刷直流电动机 (BLDCM)；另一种输入电流为正弦波，相感应电动势为正弦波，称为永磁同步电动机 (PMSM)。和永磁同步电动机相比，无刷直流电动机本体结构更加简单，采用集中绕组后具有更高的功率密度。但是因为其电流波形为方波，反电动势波形为梯形波，导致电磁转矩脉动很大，使其运行特性不如正弦波永磁同步电动机，因此要求高性能的伺服场合都采用正弦波永磁同步电动机。从转子结构角度区分，永磁同步电动机主要有表装式 (面装式)、嵌入式和内埋式三种形式，其结构如图 4-10 所示。

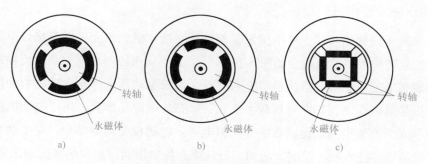

图4-10　永磁同步电动机结构图

a）表装式　b）嵌入式　c）内埋式

表装式和嵌入式结构可以减小转子直径，降低转动惯量，特别是若将永磁体直接粘贴在转轴上，还可以获得低电感，有利于改善动态性能。而内埋式结构的永磁体埋装在转子铁心内部，机械强度高，磁路气隙小，与前两种结构相比，更适合弱磁运行。对于表装式结构来说，由于永磁材料磁导率与空气几乎相等，其交轴和直轴磁路对称，交、直轴电感基本相等，因此表装式永磁同步电动机属于隐极式电动机；嵌入式结构和内埋式结构的直轴磁路磁通要通过两个永磁体，交轴磁路磁通仅仅通过气隙和定、转子铁心，不通过永磁体，所以其交轴电感大于直轴电感，属于凸极式电动机。

4.2.3　交流伺服电动机的原理

交流伺服电动机内部的转子是永磁铁，驱动器控制的 U、V、W 三相电形成电磁场，转子在此磁场的作用下转动，同时电动机自带的编码器反馈信号给驱动器，驱动器根据反馈值与目标值进行比较，调整转子转动的角度。伺服电动机的精度取决于编码器的精度（线数）。交流伺服电动机有以下三种转速控制方式：

1）幅值控制。控制电流与励磁电流的相位差保持90°不变，改变控制电压的大小。

2）相位控制。控制电压与励磁电压的大小，保持额定值不变，改变控制电压的相位。

3）幅值 - 相位控制。同时改变控制电压的幅值和相位，交流伺服电动机转轴的转向随控制电压相位的反相而改变。

以单相异步电动机为例，定子两相绕组在空间相距90°，一相为励磁绕组，运行时接至交流电源上；另一相为控制绕组，输入控制电压，控制电压与电源电压为同频率的交流电压，转子为笼型。交流伺服电动机必须具有宽广的调速范围、线性机械特性和快速响应等性能，除此以外，还应无"自转"现象。在正常运行时，交流伺服电动机的励磁绕组和控制绕组都通电，通过改变控制电压来控制电动机的转速。当控制电压为零时，电动机应当停止旋转；而实际情况是，当转子电阻较小时，两相异步电动机运转起来后，若控制电压为零，电动机便成为单相异步电动机继续运行，并不停转。

4.2.4 交流永磁同步伺服驱动器

交流永磁同步伺服驱动器主要由伺服控制单元、功率驱动单元、通信接口单元、伺服电动机及相应的反馈检测器件组成，如图 4-11 所示。其中伺服控制单元包括位置控制器、速度控制器、转矩和电流控制器等。从强弱电角度看，伺服驱动器大体包含功率板和控制板两个模块。功率板是强电模块，其中包括两个单元：一是功率驱动单元，用于电动机的驱动；二是开关电源单元，为整个系统提供数字和模拟电源。控制板是弱电部分，是电动机的控制核心，也是伺服驱动器技术核心控制算法的运行载体，控制板通过相应的算法输出 PWM 信号，作为驱动电路的驱动信号来改逆变器的输出功率，以达到控制三相永磁式同步交流伺服电动机的目的。

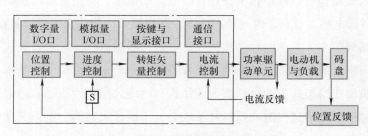

图4-11 交流永磁同步伺服驱动器的组成

1. 功率驱动单元

功率驱动单元首先通过三相全桥整流电路对输入的三相电或者市电进行整流，得到相应的直流电。整流后的直流电再通过三相正弦 PWM 电压型逆变器逆变为所需频率的交流电来驱动三相永磁式同步交流伺服电动机。简言之，功率驱动单元的整个过程就是 AC-DC-AC 的过程。

整流单元（AC-DC）主要的拓扑电路是三相全桥不控整流电路。

逆变部分（DC-AC）采用的功率器件是集驱动电路、保护电路和功率开关于一体的智能功率模块 (IPM)，主要拓扑结构采用了三相桥式电路原理图（见图 4-12），利用了脉宽调制技术即 PWM，通过改变功率晶体管交替导通的时间来改变逆变器输出波形的频率，改变每半周期内晶体管的通断时间比，也就是说，通过改变脉冲宽度来改变逆变器输出电压幅值的大小，以达到调节功率的目的。

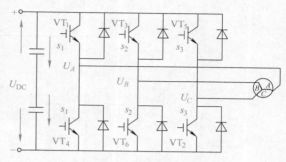

图 4-12　三相桥式电路原理图

2. 控制单元

控制单元是整个交流伺服系统的核心，实现系统位置控制、速度控制、转矩和电流控制。所采用的数字信号处理器 (DSP) 除具有快速的数据处理能力外，还集成了丰富的用于电动机控制的专用集成电路，如 A-D 转换器、PWM 发生器、定时计数器电路、异步通信电路、CAN 总线收发器以及高速的可编程静态 RAM 和大容量的程序存储器等。伺服驱动器通过采用磁场定向的控制原理和坐标变换，实现矢量控制，同时结合正弦波脉宽调制 (SPWM) 控制模式对电动机进行控制。永磁同步电动机的矢量控制一般通过检测或估计电动机转子磁通的位置及幅值来控制定子电流或电压，故电动机的转矩只和磁通、电流有关，与直流电动机的控制方法相似，可以得到很高的控制性能。对于永磁同步电动机，转子磁通位置与转子机械位置相同，通过检测转子的实际位置就可以得知电动机转子的磁通位置，从而使永磁同步电动机的矢量控制比异步电动机的矢量控制有所简化。

位置控制的根本任务就是使执行机构对位置指令进行精确跟踪。被控量一般是负载的空间位移，当给定量随机变化时，系统能使被控量无误地跟踪并复现给定量，给定量可能是角位移或直线位移。所以，位置控制必然是一个反馈控制系统，组成位置控制回路，即位置环。它处于系统最外环，包括：位置检测器、位置控制器、功率变换器、伺服电动机以及速度和电流控制的两个内环等。速度控制的给定量通常为恒值，不管外界扰动的情况如何，希望输出量能够稳定，因此系统的抗扰性能就显得十分重要。而位置控制系统中的位置指令是经常变化的，是一个随机变量，要求输出量准确跟踪给定量的变化。输出响应的快速性、灵活性、准确性是位置控制系统的主要特征，也就是说，系统的跟随性成为主要指标。在位置控制系统中的输入端加入位置给定信号，而位置控制器的输出端即产生速度指令信号，伺服电动机即按速度指令运转。所以，只要在速度控制系统的基础上再加上一个位置外环，就构成了位置控制系统。位置控制大体有两类：一类是模拟式位置控制，如图 4-13 所示，它的位置控制精度不是很高；另一类是数字式位置控制，如图 4-14 所示。

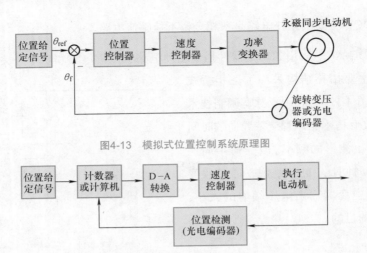

图4-13 模拟式位置控制系统原理图

图4-14 数字式位置控制系统原理图

在数字式位置控制系统中，检测元件一般为光电编码器或其他数字反馈发生器，经转换电路得到二进制数字信号，与给定的二进制数字信号同时送入计算机或可逆计数器进行比较并确定出误差，按一定控制规律运算后（通常为比例放大），构成数字形式的校正信号，再经数 - 模转换器变成电压信号，作为速度控制器的给定信号。采用计算机进行控制时，系统的控制规律可以很方便地通过软件来改变，这大大增加了控制的灵活性。

4.2.5 交流伺服调速

恒压频比控制 SPWM 变频调速是交流伺服常用的方法，调速框图如图 4-15 所示。

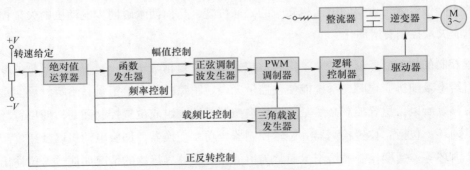

图4-15 SPWM变频调速框图

1. 绝对值运算器

根据电动机正转、反转的要求，给定电位器输出的正值或负值电压。但在系统调频过程中，改变逆变器输出电压和频率仅需要单一极性的控制电压，因而设置了绝对值运算器。绝对值运算器输出单一极性的电压，输出电压的数值与输入相同。

2. 函数发生器

函数发生器用来实现调速过程中电压和频率的协调关系。函数发生器的输入正比于频率的电压信号，输出正比于电压的电压信号。

3. 逻辑控制器

根据给定电位器送来的正值电压、零值电压或负电压，经过逻辑开关，使控制系统的 SPWM 波输出按正相序、停发或逆相序送到逆变器，以实现电动机的正转、停止或反转。另外，逻辑控制器还要完成各种保护控制。

4.3 直流伺服系统

随着电力电子技术、单片机和微型计算机的高速发展，外围电路元件专用集成电路的不断出现，使得直流伺服电动机控制技术有了显著进步。这些技术领域的高速发展可以很容易地构成高精度、快响应的直流伺服系统。直流伺服技术是一个正在发展中的新技术领域，具有很好的发展前景。

4.3.1 直流伺服系统的分类

在位置直流伺服控制系统中，目前有两种反馈方式：开环与闭环。闭环中，将执行电动机的角位移信号反馈回系统输入端的称为半闭环系统。其优点是易调整，缺点是反馈信号不是系统的输出信号，控制精度不如全闭环高。另一种方式即全闭环的反馈方式，全闭环方式是将系统的输出反馈回系统的输入端，其控制精度高，但考虑传动机构的间隙等因素，系统不易调整。位置直流伺服控制系统中，直流伺服电动机有直流有刷伺服电动机和直流无刷伺服电动机两种。

直流有刷伺服电动机的特点是：体积小、动作快、反应快、过载能力大、调速范围宽；低速力矩大，波动小，运行平稳；噪声低，效率高；后端编码器反馈（选配）构成直流伺服；变压范围大，频率可调。另外，直流有刷伺服电动机成本高、结构复杂，起动转矩大，需要维护，但维护方便（换电刷），会产生电磁干扰，对环境有要求，因此它可以用于对成本敏感的普通工业和民用场合。

直流无刷伺服电动机的特点是：转动惯量小，起动电压低，空载电流小，电子换向方式灵活，大大提高了电动机转速，最高转速高达 100 000r/min；无刷伺服电动机在执行伺服控制时，无需编码器也可实现速度、位置、转矩等的控制；容易实现智能化，其电子换相方式灵活，可以方波换相或正弦波换相；不存在电刷磨损情况，除转速高之外，还具有寿命长、噪声低、无电磁干扰等特点。

直流伺服系统一般多应用于直流伺服电动机，可应用在火花机、机械手等设备上。可同时配置 2500PPR 高分辨率的标准编码器及测速器，更能加配减速箱，给机械设备带来可靠的准确性及高扭力。它的调速性好，单位重量和体积下，输出功率最高，大于交流伺服电动机，更远远超过步进伺服电动机。多级结构的力矩波动小。

4.3.2 直流伺服电动机的类型

直流伺服电动机具有良好的起动、制动和调速特性，可以在较宽的范围内方便地实现平滑无级调速，故其常用在对伺服电动机调速性能要求较高的设备中。直流伺服电动机根据磁场励磁的方式不同，可以分为他励式、永磁式、并励式、串励式、复励式五种；按结构来分，可以分为电枢式、无槽电枢式、印刷电枢式、空心杯电枢式等；按转速的高低可分为高速直流伺服电动机和低速大转矩宽调速电动机。

1. 高速直流伺服电动机

高速直流伺服电动机又可分为普通直流伺服电动机和高性能直流伺服电动机。普通高速他励式直流伺服电动机的应用历史最长，但是，这种电动机的转矩-惯量比很小，不能适应现代伺服控制技术发展的要求。

2. 低速大转矩宽调速电动机

低速大转矩宽调速电动机又称为直流力矩电动机，由于它的转子直径较大，线圈绕组多，所以力矩大，转矩-惯量比高，热容量高，能长时间过载，不需要中间传动装置就可以直联丝杠工作；并且，由于没有励磁回路的损耗，它的外形尺寸比其他直流伺服电动机小。另外，低速大转矩宽调速电动机还有一个重要的特点：低速特性好，能够在较低的速度下平稳运行，最低速可以达到 1r/min，甚至达到 0.1r/min。

4.3.3 直流伺服电动机的工作原理

直流伺服电动机的结构与一般的电动机结构相似，由定子、转子和电刷等部分组成，在定子上有励磁绕组和补偿绕组，转子绕组通过电刷供电。由于转子磁场和定子磁场始终正交，因而产生转矩使转子转动。由图 4-16 可知，定子励磁电流产生定子电动势 F_s，转子电枢电流产生转子磁动势 F_r，F_s 和 F_r 垂直正交。补偿磁阻与电枢绕组串联，电流又产生补偿磁动势 F_c，F_c

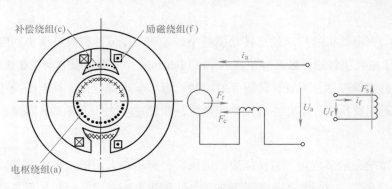

图4-16 直流伺服电动机的工作原理

与 F_t 方向相反，它的作用是抵消电枢磁场对定子磁场的扭斜，使电动机有良好的调速特性。

永磁直流伺服电动机的转子绕组是通过电刷供电的，并在转子的尾部装有测速发电机和旋转变压器或光电编码器，它的定子磁极是永久磁铁。我国稀土永磁材料有很大的磁能积和极大的矫顽力，把永磁材料用在电动机中不但可以节约能源，还可以减小电动机发热，减小电动机体积。永磁式直流伺服电动机与普通直流电动机相比有过载能力高、转矩 - 惯量比大、调速范围大等优点。因此永磁式直流伺服电动机曾广泛应用于数控机床进给伺服系统。由于近年来出现了性能更好的转子为永磁铁的交流伺服电动机，永磁直流电动机在数控机床上的应用越来越少。

4.3.4 晶体管脉宽调制器式速度控制单元

1. PWM系统的主回路

由于功率晶体管比晶闸管具有更优良的特性，因此在中、小功率驱动系统中，功率晶体管已逐步取代晶闸管，并采用了目前应用广泛的脉宽调制方式进行驱动。

开关型功率放大器的驱动回路有两种结构形式：一种是 H 型，也称桥式；另一种是 T 型。这里介绍常用的 H 型，H 型双极模式 PWM 功率转换电路如图 4-17 所示。图中 $VD_1 \sim VD_4$ 为续流二极管，用于保护功率晶体管 $VT_1 \sim VT_4$，M 是直流伺服电动机。

H 型电路的控制方式分为双极型和单极型，下面介绍双极型功率驱动电路的原理。四个功率晶体管分为两组，VT_1 和 VT_4 为一组，VT_2 和 VT_3 为另一组，同一组的两个晶体管同时导通或同时关断。一组导通另一组关断，两组交替导通和关断，不能同时导通。将一组控制方波加到一组大功率晶体管的基极，同时将反相后该组

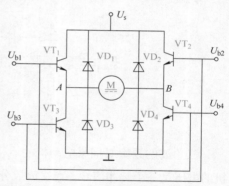

图4-17　H型双极模式PWM功率转换电路

的方波加到另一组的基极上就可实现上述目的。若加在 U_{b1} 和 U_{b4} 上的方波正半周比负半周宽，因此加到电动机电枢两端的平均电压为正，电动机正转。反之，则电动机反转。若方波电压的正负宽度相等，加在电枢的平均电压等于零，电动机不转。这时电枢回路中的电流没有续断，而是一个交变的电流，这个电流使电动机发生高频颤动，有利于减少静摩擦。

2. 脉宽调制器

脉宽调制的任务是将连续控制信号变成方波脉冲信号，作为功率转换电路的基极输入信号，改变直流伺服电动机电枢两端的平均电压，从而控制直流电动机的转速和转矩。方波脉冲信号可由脉宽调制器生成，也可由全数字软件生成。

脉宽调制器是一个电压 - 脉冲变换装置，由控制系统控制器输出的控制电压 U_c 进行控制，

为 PWM 装置提供所需的脉冲信号，其脉冲宽度与 U_c 成正比。常用的脉宽调制器可以分为模拟式脉宽调制器和数字式脉宽调制器，模拟式是用锯齿波、三角波作为调制信号的脉宽调制器或用多谐振荡器和单稳态触发器组成的脉宽调制器。数字式脉宽调制器是用数字信号作为控制信号，从而改变输出脉冲序列的占空比。下面以三角波脉宽调制器和数字式脉宽调制器为例，说明脉宽调制器的原理。

（1）三角波脉宽调制器 脉宽调制器通常由三角波或锯齿波发生器和比较器组成，如图 4-18 所示。图中的三角波发生器由两个运算放大器构成：IC1-A 是多谐振荡器，产生频率恒定且正负对称的方波信号；IC1-B 是积分器，把输入的方波变成三角波信号 U_t 输出。三角波发生器输出的三角波应满足线性度高和频率稳定的要求。只有满足这两个要求，才能满足调速要求。

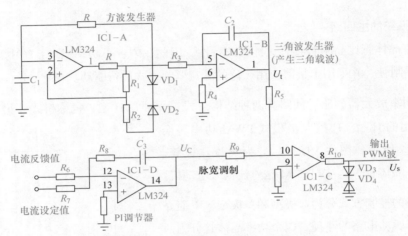

图4-18 三角波发生器及PWM 脉宽调制原理图

三角波的频率对伺服电动机的运行有很大的影响。由于 PWM 功率放大器输出给直流电动机的电压是一个脉冲信号，有交流成分，这些不做功的交流成分会在电动机内引起功耗和发热。为减少这部分损失，应提高脉冲频率，但脉冲频率又受功率元件开关频率的限制。目前脉冲频率通常为 2～4kHz 或更高，脉冲频率是由三角波调制的，三角波频率等于控制脉冲频率。

比较器 IC1-C 的作用是把输入的三角波信号 U_t 和控制信号 U_c 相加输出脉宽调制方波。当外部控制信号 $V_c=0$ 时，比较器输出为正负对称的方波，直流分量为零。当 $V_c>0$ 时，V_c+V_t 对接地端是一个不对称三角波，平均值高于接地端，因此输出方波的正半周较宽，负半周较窄。V_c 越大，正半周的宽度越宽，直流分量也越大，所以电动机正向旋转越快。反之，当控制信号 $V_c<0$ 时，V_c+V_t 的平均值低于接地端，IC1-C 输出的方波正半周较窄，负半周较宽。V_c 的绝对值越大，负半周的宽度越宽，电动机反转越快。改变了控制电压 U_c 的极性，也就改变了 PWM 变换器输出平均电压的极性，从而改变了电动机的转向。改变 U_c 的大小，则调节了输出脉冲电压的宽度，进而调节电动机的转速。该方法是一种模拟式控制，其他模拟式脉宽调制器的原理都与此基本相似。

（2）数字式脉宽调制器　在数字式脉宽调制器中，控制信号是数字，其值可确定脉冲的宽度。只要维持调制脉冲序列的周期不变，就可以达到改变占空比的目的。用微处理器实现数字式脉宽调制器可分为软件和硬件两种方法。软件法占用较多的计算机资源，对控制不利，但柔性好，投资少。目前被广泛推广的是硬件法。

4.3.5　直流伺服调速

由电工学的知识可知，在转子磁场不饱和的情况下，改变电枢电压即可改变转子转速。直流电动机的转速和其他参量的关系可用式（4-1）表示。

$$n = \frac{U-IR}{K_e\Phi} \tag{4-1}$$

式中，n 为转速（r/min）；U 为电枢电压（V）；I 为电枢电流（A）；R 为电枢回路总电阻（Ω）；Φ 为励磁磁通（Wb）；K_e 为由电动机结构决定的电动势常数。

根据式（4-1），实现电动机调速的主要方法有以下三种：

1）调节电枢供电电压 U。电动机加以恒定励磁，用改变电枢两端电压 U 的方式来实现调速控制，这种方法也称为电枢控制。

2）减弱励磁磁通 Φ。电枢加以恒定电压，用改变励磁磁通的方法来实现调速控制，这种方法也称为磁场控制。

3）改变电枢回路电阻 R 来实现调速控制。

对于要求在一定范围内无级平滑调速的系统来说，以改变电枢电压的方式最好，改变电枢回路电阻只能实现有级调速，调速平滑性比较差。减弱磁通虽然具有控制功率小和能够平滑调速等优点，但调速范围不大，往往只是配合调压方案，在基速（即电动机额定转速）以上做小范围的升速控制。因此直流伺服电动机的调速主要以电枢电压为主。

要得到可调节的直流电压，常用的方法有以下三种：

1）旋转变流机组。用交流电动机（同步或异步电动机）和直流发电机组成机组，调节发电机的励磁电流，以获得可调节的直流电压。该方法在20世纪50年代广泛应用，可以很容易地实现可逆运行，但体积大，费用高，效率低，所以现在很少使用。

2）静止可控整流器。使用晶闸管可控整流器可获得可调的直流电压，即可控硅 SCR（Silicon Controlled Rectifier）调速系统。该方法出现在20世纪60年代，具有良好的动态性能，但由于晶闸管只有单向导电性，所以不易实现可逆运行，且容易产生"电力公害"。

3）直流斩波器和脉宽调制变换器。用恒定直流电源或不控整流电源供电，利用直流斩波器或脉宽调制变换器产生可变的平均电压。

工业机器人伺服系统中，速度控制已经成为一个独立、完整的模块，称为速度控制模块或速度控制单元。现在直流调速单元较多采用晶闸管调速系统（即可控硅 SCR）和晶体管脉宽调制调速系统（即 PWM）。

这两种调速系统都是改变电动机的电枢电压，其中以晶体管脉宽调速系统应用最为广泛。由于电动机是电感元件，转子的质量也较大，有较大的电磁时间常数和机械时间常数，因此目前常用的电枢电压可用周期远小于电动机机械时间常数的方波平均电压来代替。在实际应用过程中，直流调压器可利用大功率晶体管的开关作用将直流电源电压转换成频率约为 200Hz 的方波电压送给直流电动机的电枢绕组。通过对开关关闭时间长短的控制来控制加到电枢绕组两端的平均电压，从而达到调速的目的。

随着电力电子技术即大功率半导体技术的飞速发展，新一代全控式电力电子器件不断出现，如可关断晶体管 GTO、大功率晶体管 GTR、场效应晶闸管 PMOSFET 以及绝缘门极晶体管 IGBT。这些全控式功率器件的应用使直流电源可在 1 ~ 10kHz 的频率交替地导通和关断，用改变脉冲电压的宽度来改变平均输出电压，调节直流电动机的转速，从而大大改善直流伺服系统的性能。

脉宽调制器放大器属于开关型放大器。由于各功率元件均工作在开关状态，功率损耗比较小，故这种放大器特别适用于较大功率的系统，尤其是低速、大转矩的系统。开关型放大器可分脉冲宽度调制型 PWM 和脉冲频率调制型两种，也可采用两种形式的混合型，但应用最为广泛的是脉宽调制型。其中脉宽调节 PWM 是在脉冲周期不变时，在大功率开关晶体管的基极上，加上脉宽可调的方波电压改变主晶闸管的导通时间，从而改变脉冲的宽度。脉冲频率调节 Pulse Frequency Modulation（简称 PFM）是在导通时间不变的情况下，只改变开关频率或开关周期，也就是只改变晶闸管的关断时间。两点式控制是当负载电流或电压低于某一最低值时，使开关管 VT 导通，当电压达到某一最大值时，使开关管 VT 关断。导通和关断的时间都是不确定的。

上述方法均是用开关型放大器来改变电动机电枢上的平均电压，较晶闸管调速系统具有以下优点：

1）由于 PWM 调速系统的开关频率较高，仅靠电枢电感的滤波作用可能就足以获得脉动性很小的直流电流，电枢电流容易连续，系统低速运行平稳，调速范围较宽，可以达到 1 ~ 10 000 PRM。与晶闸管调速系统相比，在相同的平均电流即相同的输出转矩下，电动机的损耗和发热都较小。

2）同样，由于 PWM 开关频率高，若与快速响应的电动机相配合，系统可以获得很高频带，因此快速响应性能好，动态抗扰能力强。

3）由于电力电子器件只工作于开关状态，主线路损耗小，装置的效率较高。

4）功率晶体管承受高峰值电流的能力差。

4.4 液压气动系统的主要设备及特性

4.4.1 液压系统的主要设备及其特性

液压驱动系统利用液压泵将原动机的机械能转换为液体的压力能，通过液体压力能的变化来传递能量，经过各种控制阀和管路的传递，借助于液压执行元件（液压缸或液压马达）把液体压力能转换为机械能，从而驱动工作机构，实现直线往复运动或回转运动。其中的液体称为工作介质，一般为矿物油，它的作用和机械传动中的传送带、链条和齿轮等传动元件类似。

1. 液压系统概述

液压系统的作用为通过改变压强增大作用力。液压驱动方式的输出力和功率更大，能构成伺服机构，常用于大型机器人关节的驱动。

（1）液压系统的工作原理　液压系统的工作原理如图4-19所示。电动机驱动液压泵2从油箱1中吸油输送至管路中，经过换向阀4改变液压油的流动方向，再经过节流阀6调整液压油的流量（流量大小由工作液压缸的需要量决定），图4-19a所示的换向阀位置是液压油经换向阀

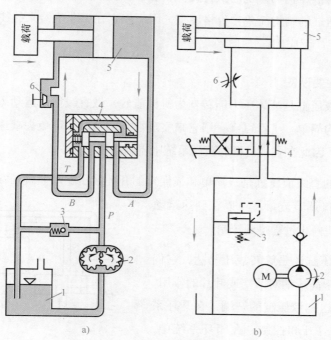

图4-19　液压系统的工作原理

1—油箱　2—液压泵　3—溢流阀　4—换向阀　5—液压缸　6—节流阀

进入液压缸 5 左侧空腔，推动活塞右移。液压缸活塞右侧腔内液压油经过换向阀已经开通的回油管，液压油卸压，流回油箱。

若操作换向阀手柄至图 4-19b 所示位置时，则有一定压力的液压油进入液压缸活塞右腔。液压缸左腔中的液压油经换向阀流回油箱。操作手柄的进出动作变换液压油输入液压缸的方向，推动活塞左右移动。液压泵输出的油压按液压缸活塞工作能量的需要由溢流阀 3 调整控制。在溢流阀调压控制时，多余的液压油经溢流阀流回油箱。输油管路中的液压油压力在额定压力下安全流通，正常工作。

（2）液压系统的组成　从这个简单的液压驱动系统中可知，一个完整的液压系统由五个部分组成，即动力元件、控制元件、执行元件、辅助元件（附件）和工作介质。

动力元件包括电动机和液压泵，它的作用是利用液体把原动机的机械能转换成液体的压力能，是液压传动中的动力部分。执行元件包括液压缸、液压马达等，它是将液体的压力能转换成机械能。其中，液压缸做直线运动，马达做回转运动。控制元件包括节流阀、换向阀、溢流阀等，它们的作用是对液压系统中工作液体的压力、流量和流向进行调节控制。辅助元件是指除上述三部分以外的其他元件，包括压力表、过滤器、蓄能装置、冷却器、管件、各种管接头（扩口式、焊接式、卡套式）、高压球阀、快换接头、软管总成、测压接头、管夹及油箱等，它们同样十分重要。工作介质是指各类液压传动中的液压油或乳化液，它经过液压泵实现能量转换。

采用液压缸作为液压传动系统的执行元件，能够省去中间动力减速器，从而消除了齿隙和磨损问题。加上液压缸的结构简单，价格便宜，因而使它在工业机器人的往复运动装置和旋转运动装置上都获得了广泛应用。

2. 液压系统的主要设备

（1）液压缸　液压缸是液体压力能转变为机械能的、做直线往复运动（或摆动运动）的液压执行元件。它结构简单、工作可靠。用它来实现往复运动时，可免去减速装置，并且没有传动间隙，运动平稳，因此在各种机械的液压系统中得到广泛应用。

用电磁阀控制的直线液压缸是最简单和最便宜的开环液压驱动装置。在直线液压缸的操作中，通过受控节流口调节流量，可以在到达运动终点时实现减速，使停止过程得到控制。

无论是直线液压缸还是旋转液压马达，它们的工作原理都是基于高压油对活塞或叶片的作用。液压油经控制阀被送到液压缸的一端，在开环系统中，阀由电磁铁打开和控制；在闭环系统中，阀则用电液伺服阀来控制，如图 4-20 所示。

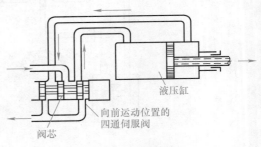

图4-20　直线液压缸

（2）液压马达　液压马达又称为旋转液压马达，是液压系统的旋转式执行元件，如图4-21所示。壳体由铝合金制成，转子是钢制的。密封圈和防尘圈分别用来防止油的外泄和保护轴承。在电液阀的控制下，液压油经进油口进入，并作用于固定在转子的叶片上，使转子转动。隔板用来防止液压油短路。通过一对由消隙齿轮带动的电位器和一个解算器给出转子的位置信息。电位器给出粗略值，而精确位置由解算器测定。当然，整体的精度不会超过驱动电位器和解算器的齿轮系精度。

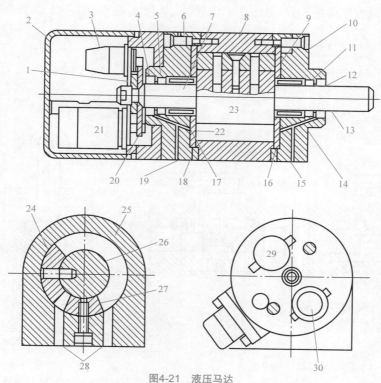

图4-21　液压马达

1、20—齿轮　2—防尘罩　3、30—电位器　4—防尘器　5、11—密封圈　6、10—端盖　7、13—输出轴　8、25—壳体　9、22—钢盘　12—防尘圈　14、17—滚针轴承　15、19—泄油孔　16、18—O形密封圈　21、29—解算器　23、26—转子　24—转动叶片　27—固定叶片　28—进出油孔

（3）液压阀

1）单向阀。单向阀只允许油液向某一方向流动，而反向截止。这种阀也称为止回阀，如图4-22所示。对单向阀的主要性能要求是：油液通过时压力损失要小，反向截止时密封性要好。

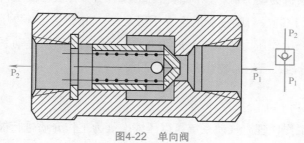

图4-22　单向阀

液压油从 P_1 进入，克服弹簧力推动阀芯，使油路接通，液压油从 P_2 流出。当液压油从反向进入时，油液压力和弹簧力将阀芯压紧在阀座上，油液不能通过。

2）换向阀。

① 滑阀式换向阀是靠阀芯在阀体内做轴向运动，而使相应的油路接通或断开的换向阀。其换向原理如图 4-23 所示。当阀芯处于图 4-23a 所示位置时，P 与 B 连通，A 与 T 连通，活塞向左运动；当阀芯向右移动处于图 4-23b 所示位置时，P 与 A 连通，B 与 T 连通，活塞向右运动。

② 手动换向阀用于手动换向。

③ 机动换向阀用于机械运动中，作为限位装置限位换向，如图 4-24 所示。

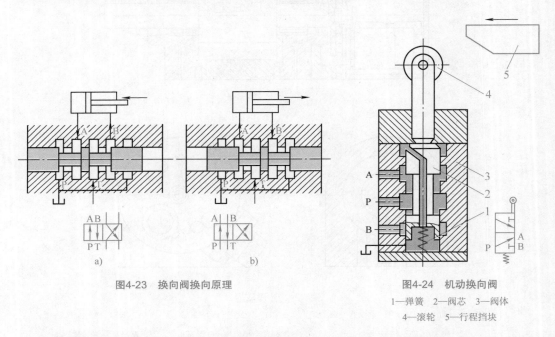

图4-23 换向阀换向原理

图4-24 机动换向阀
1—弹簧 2—阀芯 3—阀体
4—滚轮 5—行程挡块

④ 电磁换向阀用于在电气装置或控制装置发出换向命令时，改变流体方向，从而改变机械运动状态，如图 4-25 所示。

4.4.2 气动系统的主要设备及其特性

气动系统是以压缩机为动力源，以压缩空气为工作介质，进行能量传递和信号传递的工程技术，是实现各种生产控制、自动控制的重要手段之一。由于空气有可压缩性，所以气缸的动作速度易受负载影响，工作压力较低（一般为 0.4~0.8MPa），因而气动系统输出力较小，工作介质空气本身没有润滑性，需另加装置进行给油润滑。

1. 气动系统概述

（1）气动系统的工作原理 气动系统是以压缩空气为工作介质进行能量和信号传递的一项

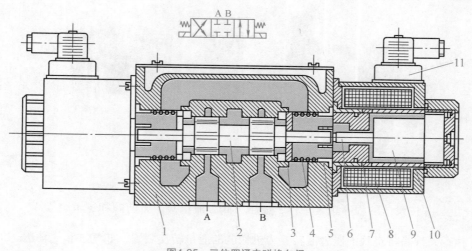

图4-25 三位四通电磁换向阀

1—阀体 2—阀芯 3—定位器 4—弹簧 5—挡块 6—推杆 7—隔磁环 8—线圈 9—衔铁 10—导套 11—插头

技术。气动系统利用空压机把电动机或其他原动机输出的机械能转换为空气的压力能，然后在控制元件的作用下，通过执行元件把压力能转换为直线运动或回转运动形式的机械能，从而完成各种动作，并对外做功。从空压机输出的压缩空气中含有大量的水分、油分和粉尘等级污染物，质量不良的压缩空气是气动系统出现故障的最主要因素，它会使气动系统的可靠性和使用寿命大大降低。因此，压缩空气进入气动系统前应进行二次过滤，以便滤除压缩空气中的水分、油滴以及杂质，以达到起动系统所需要的净化程度。

为确保系统压力的稳定性，减小因气源气压突变对阀门或执行器等硬件的损伤，进行空气过滤后，应调节或控制气压的变化，并保持降压后的压力值固定在需要的值上。实现方法是使用减压阀。

气动系统的机体运动部件需进行润滑。对不方便加润滑油的部件进行润滑，可以采用油雾器，它是气压系统中一种特殊的注油装置，其作用是把润滑油雾化后，经压缩空气携带进入系统各润滑油部位，满足润滑的需要。

工业上的气动系统常常使用组合的气动三联件作为气源处理装置。气动三联件是指空气过滤器、减压阀和油雾器。各元件之间采用模块式组合的方式连接，如图 4-26 所示。这种方式安装简单，密封性好，易于实现标准化、系列化，可缩小外形尺寸，节省空间和配管，便于维修和集中管理。

（2）气动系统的组成 气动系统由气源装置、气动控制元件、气动执行元件和辅助元件组成。

1）气源装置将原动机输出的机械能转变为空气的压力能。其主要设备是空气压缩机。

2）控制元件用来控制压缩空气的压力、流量和流动方向，以保证执行元件具有一定的输

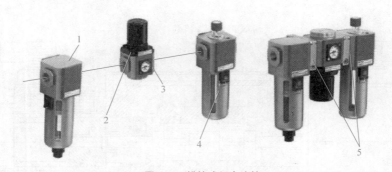

图4-26 模块式组合连接

1—空气过滤器 2—减压阀 3—压力表 4—油雾器 5—连接隔板

出力和速度，并按设计的程序正常工作，如压力阀、流量阀、方向阀和逻辑阀等。

3）执行元件是将空气的压力能转变为机械能的能量转换装置，如气缸和气马达。

4）辅助元件是用于辅助保证空气系统正常工作的一些装置，如干燥器、空气过滤器、消声器和油雾器等。

2. 气动系统的主要设备

（1）气源装置 气源装置中，空气压缩机用以产生压缩空气，一般由电动机带动。其吸气口装有空气过滤器，以减少进入空气压缩机的杂质量。后冷却器用于降温冷却压缩空气，使净化的水凝结出来。油水分离器用于分离并排出降温冷却的水滴、油滴、杂质等。储气罐用于储存压缩空气，稳定压缩空气的压力并除去部分油分和水分。干燥器用于进一步吸收或排除压缩空气中的水分和油分，使之成为干燥空气。

（2）气动执行元件

1）气缸。在气缸运动的两个方向上，根据受气压控制的方向个数的不同，可分为单作用气缸和双作用气缸。单作用气缸如图4-27所示，在缸盖一端气口输入压缩空气，使活塞杆伸出（或缩回），而另一端靠弹簧力、自重或其他外力等使活塞杆恢复到初始位置。单作用气缸只在动作方向需要压缩空气，故可节约一半压缩空气。主要用在夹紧、退料、阻挡、压入、举起和进给等操作上。根据复位弹簧位置将作用气缸分为预缩型气缸和预伸型气缸。当弹簧装在有杆腔内时，由于弹簧的作用力而使气缸活塞杆初始位置处于缩回位置，这种气缸称为预缩型单作

复位弹簧

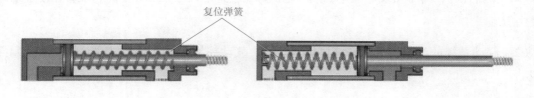

a) b)

图4-27 单作用气缸

a）预缩型气缸 b）预伸型气缸

用气缸；当弹簧装在无杆腔内时，气缸活塞杆初始位置为伸出位置，称为预伸型气缸。

双作用气缸如图 4-28 所示，它是应用最为广泛的气缸。其动作原理是：从无杆腔端的气口输入压缩空气时，若气压作用在活塞左端面上的力克服了运动摩擦力、负载等各种反作用力，则当活塞前进时，有杆腔内的空气经该端气口排出，使活塞杆伸出。同样，当有杆腔端气口输入压缩空气时，活塞杆缩回至初始位置。通过无杆腔和有杆腔交替进气和排气，活塞杆伸出和缩回，气缸实现往复直线运动。双作用气缸具有结构简单、输出力稳定、行程可根据需要选择的优点，但由于是利用压缩空气交替作用于活塞上实现伸缩运动的，回缩时压缩空气的有效作用面积较小，所以产生的力要小于伸出时产生的推力。

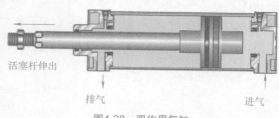

图4-28 双作用气缸

2）气动马达。气动马达是一种做连续旋转运动的气动执行元件，是以压缩空气为工作介质的原动机，它是利用压缩气体的膨胀作用，把压力能转换为机械能的动力装置。气动马达的工作适应性较强，可用于无级调速、起动频繁、经常换向、高温潮湿、易燃易爆、负载起动、不便人工操纵及有过载可能的场合。气动马达按结构形式不同分叶片式气动马达、活塞式气动马达和齿轮式气动马达。

图 4-29 所示为双向旋转的叶片式气动马达的工作原理。压缩空气由 A 孔输入，小部分经定子两端的密封盖的槽进入叶片底部（图中未表示），将叶片推出，使叶片贴紧在定子内壁上，大部分压缩空气进入相应的密封空间而作用在两个叶片上。由于两叶片伸出长度不等，因此产生了转矩差，使叶片与转子按逆时针方向旋转，做功后的气体由定子上的 B 孔排出。若改变压缩空气的输入方向（即压缩空气由 B 孔进入，从 A 孔排出），则可改变转子的转向。

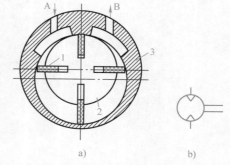

图4-29 双向旋转的叶片式气动马达的工作原理

a）结构 b）符号

1—叶片 2—转子 3—定子

（3）气动控制元件

1）压力控制阀。压力控制阀分为减压阀（调压阀）、顺序阀、安全阀等。减压阀是气动系统中的压力调节元件。气动系统的压缩空气一般是由压缩机将空气压缩，储存在储气罐内，然后经管路输送给气动装置使用，储气罐的压力一般比设备实际需要的压力高，并且压力波动也较大，在一般情况下，需采用减压阀来得到压力较低并且稳定的供气。

图 4-30 所示为直动式减压阀结构图。当阀处于工作状态时，调节手柄 1、调压弹簧 2、3 及膜片 5，通过阀杆 6 使阀芯 8 下移，进气阀口被打开，有压气流从左端输入，经阀口节流减压

后从右端输出。输出气流的一部分由阻尼管 7 进入膜片气室，在膜片 5 的下方产生一个向上的推力，这个推力总是企图把阀口开度关小，使其输出压力下降。当作用于膜片上的推力与弹簧力相平衡后，减压阀的输出压力便保持一定。当输入压力发生波动时，如输入压力瞬时升高，输出压力也随之升高，作用于膜片 5 上的气体推力也随之增大，破坏了原来力的平衡，使膜片 5 向上移动，有少量气体经溢流口 4、排气孔 11 排出。在膜片上移的同时，因复位弹簧 10 的作用，使输出压力下降，直到新的平衡为止。重新平衡后的输出压力又基本上恢复至原值。反之，输出压力瞬时下降，膜片下移，进气口开度增大，节流作用减小，输出压力又基本上回升至原值。

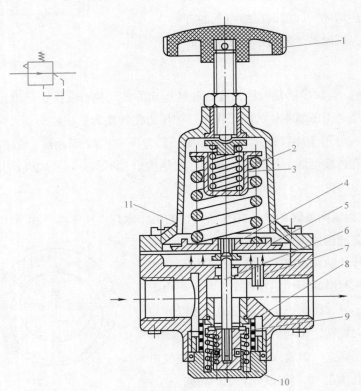

图4-30 直动式减压阀结构图

1—手柄 2、3—调压弹簧 4—溢流口 5—膜片 6—阀杆 7—阻尼管 8—阀芯 9—阀座 10—复位弹簧 11—排气孔

顺序阀又称压力联锁阀，它是一种依靠回路中的压力变化来实现各种顺序动作的压力控制阀，常用来控制气缸的顺序动作。若将顺序阀和单向阀组装成一体，则称为单向顺序阀。顺序阀常用于气动装置中不便于安装机控阀发行程信号的场合。图 4-31 是顺序阀的工作原理图，靠调压弹簧的预压缩量来控制其开启压力的大小。在图 4-31a 中，压缩空气从 P 口进入阀后，作用在阀芯下面的环形活塞面积上，与调压弹簧的力相平衡。一旦空气压力超过调定的压力值即将阀芯顶起，气压立即作用于阀芯的全面积上，使阀达到全开状态，压缩空气便从 A 口输出，如图 4-31b 所示；当 P 口的压力低于调定压力时，阀再次关闭。

气动安全阀在系统中起安全保护作用，压力超过规定值时，打开安全阀保证系统的安全。安全阀在气动系统中又称溢流阀。

2）流量控制阀。流量控制阀是通过改变阀的通流面积来实现流量控制的元件。流量控制阀包括节流阀、单向节流阀、排气节流阀等。

节流阀原理很简单。节流口的形式有多种，常用的有针阀型、三角沟槽型和圆柱削边型等。图4-32所示为节流阀的工作原理，压缩空气由P口进入，经过节流后，由A口流出。旋转阀芯螺杆，就可以改变节流口的开度，进而调节压缩空气的流量。

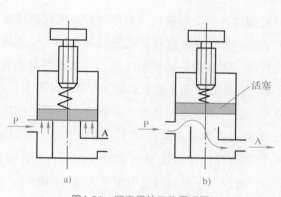

图4-31 顺序阀的工作原理图

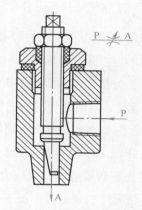

图4-32 节流阀的工作原理

单向节流阀是由单向阀和节流阀组合而成的流量控制阀，因常用作气缸的速度控制，故又称作速度控制阀。单向阀的功能是靠单向密封圈来实现的。图4-33所示为单向节流阀剖面图。当空气从气缸排气口排出时，单向密封圈处于封堵状态，单向阀关闭，这时只能通过调节手轮，使节流阀杆上下移动，改变气流开度，从而达到节流作用。反之，在进气时，单向密封圈被气流冲开，单向阀开启，压缩空气直接进入气缸进气口，节流阀不起作用。

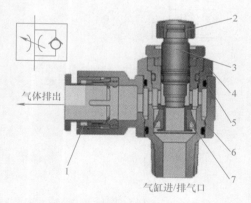

图4-33 单向节流阀剖面图

1—快速接头 2—手轮 3—节流阀杆 4、6—阀体
5—O形密封圈 7—单向密封圈

排气节流阀安装在系统的排气口处，限制气流的流量，一般情况下还具有减小排气噪声的作用，所以常称为排气消声节流阀。排气节流阀是装在执行元件的排气口处，调节进入大气中气体流量的一种控制阀。它不仅能调节执行元件的运动速度，还常带有消声器件，所以也能起降低排气噪声的作用。图4-34所示为排气节流阀工作原理图。其工作原理和节流阀类似，靠调节节流口1处的通流面积来调节排气流量，由消声套2来减小排气噪声。

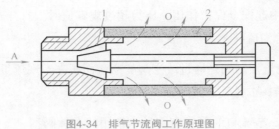

图4-34　排气节流阀工作原理图

1—节流口　2—消声套

3）方向控制阀。方向控制阀（简称换向阀）通过改变气流通道而使气体流动方向发生变化，从而达到改变气动执行元件运动方向的目的。工业机器人中常用电磁控制换向阀。

由一个电磁铁的衔铁推动换向阀芯移位的阀称为单电控换向阀。单电控换向阀有单电控直动换向阀和单电控先导换向阀两种。图 4-35a 所示为单电控直动式电磁换向阀的工作原理，靠电磁铁和弹簧的相互作用使阀芯换位，实现换向。图示为电磁铁断电状态，由于弹簧的作用导通 A、T 口通道，封闭 P 口通道；电磁铁通电时，压缩弹簧导通 P、A 口通道，封闭 T 口通道。图 4-35b 所示为单电控先导换向阀的工作原理。它是用单电控直动换向阀作为气控主换向阀的先导阀来工作的。图示为断电状态，气控主换向阀在弹簧力的作用下，封闭 P 口，导通 A、T 口通道；当先导阀带电时，电磁力推动先导阀芯下移，控制压力 p_1 推动主阀芯右移，导通 P、A 口通道，封闭 T 口通道。类似于电液换向阀，电控先导换向阀适用于较大通径的场合。

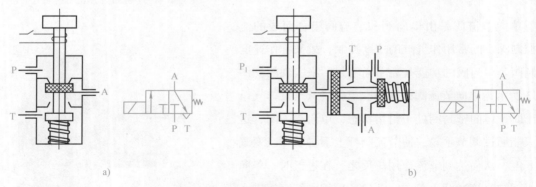

a)　　　　　　　　　　　　　　　　　　　　　　　b)

图4-35　单电控电磁换向阀的工作原理

a）直动式　b）先导式

由两个电磁铁的衔铁推动换向阀芯移位的阀称为双电控换向阀。双电控换向阀有双电控直动换向阀和双电控先导换向阀两种。图 4-36a 所示为双电控直动二位五通换向阀的工作原理。图示为左侧电磁铁通电的工作状态。其工作原理显而易见，不再说明。注意：这里的两个电磁铁不能同时通电。这种换向阀具有记忆功能，即当左侧的电磁铁通电后，换向阀芯处在右端位置，当左侧电磁铁断电而右侧电磁铁没有通电前，阀芯仍然保持在右端位置。图 4-36b 所示为双电控先导换向阀的工作原理，图示为左侧先导阀电磁铁通电状态。工作原理与单电控先导换向阀类似，不再赘述。

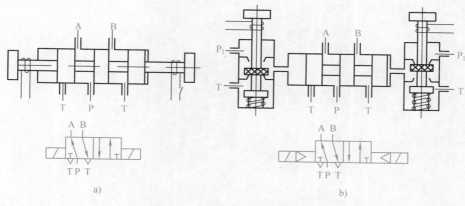

图4-36 双电控电磁换向阀工作原理

a）直动式　b）先导式

思考练习题

1. 工业机器人动力系统有哪三种主要类型？每种类型之间的主要区别在哪里？

2. 简述工业机器人气动式动力装置的结构组成及特点。

3. 简述工业机器人液压式动力装置的结构组成及特点。

4. 简述工业机器人电动式动力装置的结构组成及特点。

5. 简述工业机器人传动系统的主要传动形式及主要区别。

6. 简述工业机器人开环、半闭环和全闭环伺服系统的主要区别。

7. 简述工业机器人交流伺服电动机的主要类型。

8. 简述工业机器人交流伺服电动机的工作原理。

9. 简述工业机器人交流永磁同步伺服驱动器的工作原理。

10. 简述工业机器人交流伺服调速原理。

11. 简述工业机器人直流伺服电动机的主要类型。

12. 简述工业机器人直流伺服电动机的工作原理。

13. 简述工业机器人晶体管脉宽调制器式速度控制单元的工作原理。

14. 简述工业机器人直流伺服调速原理。

15. 简述工业机器人液压驱动设备的类型及特性。

16. 简述工业机器人气动驱动设备的类型及特性。

第5章
CHAPTER 5

工业机器人的感知系统

工业机器人工作的稳定性和可靠性依赖于机器人对工作环境的感知和自主的适应能力，因此需要高性能传感器及各传感器之间的协调工作。机器人感知系统担任着机器人神经系统的角色，将机器人各种内部状态信息和环境信息从信号转变为机器人自身或者机器人之间能够理解和应用的数据、信息甚至知识，它与机器人控制系统和决策系统组成机器人的核心。机器人任何行动都要从感知环境开始，如果这个过程遇到障碍，那么它以后的所有行动都没有依托。没有传感器组成的感知系统的支持，就相当于人失去了眼睛、鼻子等感觉器官。一个机器人的智能在很大程度上取决于它的感知系统。本章主要介绍工业机器人常用传感器的工作原理、特点及应用。

5.1 工业机器人的感知技术概述

机器人感知系统通常由多种传感器或视觉系统组成。第一代具有计算机视觉和触觉能力的工业机器人是由美国斯坦福研究所研制成功的。目前，构成机器人感知和控制的传感器种类繁多，具体包括视觉、听觉、触觉、力觉、接近觉及平衡觉等类型传感器。

传感器用于为机器人系统提供输入信息，由这些传感器组成的"感觉"外部环境的系统就构成了机器人的感知系统，它将机器人内部状态信息（位置、姿态、线速度、角速度、加速度、角加速度、平衡）和外部环境信息转变为机器人系统自身、机器人相互之间能够理解和应用的数据、信息、知识，包括各种机器人专用传感器、信号调理电路、模-数转换、处理器构成的硬件部分和传感器识别、校准、信息融合与传感数据库所构成的软件部分。其物理构成可能以独立形态存在，也可能是以机器人系统其他模块集成在一起的形态存在，包括各种机器人传感器的物理接口、机器人系统网络接口、机器人传感器或机器人传感器节点互操作协议、各种感知模块模型、机器人传感器应用接口以及用户应用接口。

对于不同的传感器，工作原理虽各不相同，但无论是哪种原理的传感器，最后都需要将被测信号转换为电阻、电容或电感等电量信号，经过信号处理变为计算机能够识别、传输的信号。执行器则需要将控制数字信号转化为电流、电压信号。

5.1.1　人与机器人的感官

研究机器人，首先从模仿人开始。通过考察人的劳动发现，人类是通过五种熟知的感官（视觉、听觉、嗅觉、味觉和触觉）接收外界信息的，这些信息通过神经传递给大脑，大脑对这些分散的信息进行加工、综合后发出行为指令，调动肌体（如手足等）执行某些动作。如果希望机器人代替人类劳动，可以将计算机看作人类的大脑，机器人的机构本体（执行机构）看作人类的肌体，机器人的各种外部传感器看作人类的五官。也就是说，计算机是人类大脑或智力的外延，执行机构是人类四肢的外延，传感器是人类五官的外延。机器人要获得环境信息，同人类一样需要感觉器官。

5.1.2　机器人的感觉

要使机器人拥有智能，对环境变化做出反应，首先，必须使机器人具有感知环境的能力，用传感器采集信息是机器人智能化的第一步；其次，如何采取适当的方法，将多个传感器获取的环境信息加以综合处理，控制机器人进行智能作业，则是提高机器人智能程度的重要体现。因此，传感器及其信息处理系统是构成机器人智能的重要部分，它为机器人智能作业提供决策依据。

（1）视觉　视觉是机器人中最重要的传感器之一，发展十分迅速。机器视觉首先处理积木世界，后来发展到处理室外的现实世界，之后实用性的视觉系统出现。视觉一般包括三个过程：图像获取、图像处理和图像理解。相对而言，目前图像理解技术还有待提高。

（2）听觉　到目前为止，机器人的听觉与具有接近人耳的功能还相差很远。

（3）嗅觉　机器人的嗅觉用于检测空气中的化学成分、浓度等，主要采用气体传感器（气体成分分析仪）及射线传感器等。

（4）味觉　机器人的味觉用于对液体化学成分进行分析。实现味觉的传感器有 PH 计、化学成分分析仪等。

（5）触觉　机器人的触觉用作视觉的补充，触觉能感知目标物体的表面性能和物理特性，包括柔软性、硬度、粗糙度和导热性等。

（6）力觉　机器人力传感器就安装部位来讲，可以分为关节力传感器、腕力传感器和指力传感器。

（7）接近觉　研究接近觉的目的是使机器人在移动或操作过程中获取目标（障碍）物的接近程度，可以实现避障，避免末端执行器对目标物由于接近速度过快造成的冲击。

5.2　工业机器人传感器概述

5.2.1　传感器的定义

传感器是一种以一定精度测量出物体的物理、化学变化（如位移、力、加速度、温度等），并将这些变化转换成与之有确定对应关系的、易于精确处理和测量的某种电信号（如电压、电流和频率）的检测部件或装置，通常由敏感元件、转换元件、转换电路和辅助电源四部分组成，如图 5-1 所示。其中，敏感元件的基本功能是将某种不易测量的物理量转换为易于测量的物理量；转换元件的功能是将敏感元件输出的物理量转换成电量，它与敏感元件一起构成传感器的主要部分；转换电路的功能是将敏感元件产生的不易测量的小信号进行变换，使传感器的信号输出符合工业系统的要求（如 4 ~ 20mA、–5 ~ 5V）。转换元件和转换电路一般还需要辅助电源供电。

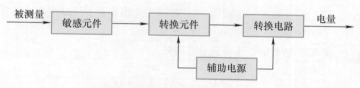

图5-1　传感器的组成

工业机器人
传感器之一

5.2.2　工业机器人传感器的分类

工业机器人传感器有多种分类方法，如接触式传感器或非接触式传感器、内部信息传感器或外部传感器、无源传感器或有源传感器、无扰传感器或扰动传感器等。

非接触式传感器以某种电磁射线（可见光、X 射线、红外线、雷达波和电磁射线等）、声波、超声波的形式来测量目标的响应。接触式传感器则以某种实际接触（如触碰、力或力矩、压力、位置、温度、磁量、电量等）形式来测量目标的响应。尽管还有许多传感器有待发明，但现有的已形成通用种类，如在机器人采集信息时不允许与零件接触的场合，它的采样环节就需要使用非接触式传感器。对于非接触式传感器的不同类型，可以划分为只测量一个点的响应和给出一个空间阵列或若干相邻点的测量信息这两种。例如，利用超声测距装置测量一个点的响应，它是在一个锥形信息收集空间内测量靠近物体的距离。照相机则是测量空间阵列信息最普通的装置。接触式传感器可以测定是否接触，也可测量力或转矩。最普通的触觉传感器就是一个简单的开关，当它接触零部件时，开关闭合。一个简单的力传感器可用一个加速度传感器来测量其加速度，进而得到被测力。这些传感器也可按用直接方法测量还是用间接方法测量来分类。例如，力可以从机器人手上直接测量，也可从机器人对工作表面的作用间接测量。力和触觉传感器还可进一步细分为数字式或模拟式，以及其他类别。

内部信息传感器以机器人本身的坐标轴来确定其位置，安装在机器人自身中，用来感知机器人自己的状态，采集机器人本体、关节和手爪的位移、速度、加速度等来自机器人内部的信息，以调整和控制机器人的行动。内部传感器通常由位置、加速度、速度及压力传感器等组成。外部传感器用于机器人对周围环境、目标物的状态特征获取信息，使机器人和环境发生交互作用，采集机器人与外部环境以及工作对象之间相互作用的信息，从而使机器人对环境有自校正和自适应能力。

获取各种传感器信号的传感器类型见表 5-1。

表 5-1　获取各种传感器信号的传感器类型

信号		传感器
强度	点	光电池、光倍增管、一维阵列、二维阵列
	面	二维阵列或其等效（低维数列扫描）
距离	点	发射器（激光、平面光）/接收器（光倍增管、一维阵列、二维阵列、两个一维或二维阵列、声波扫描）
	面	发射器（激光、平面光）/接收器（光倍增管、二维阵列或其等效）
声感	点	声音传感器
	面	声音传感器的二维阵列或其等效
力	点	力传感器
触觉	点	微型开关、触觉传感器的二维阵列或其等效
	面	触觉传感器的二维阵列或其等效
温度	点	热电偶、红外线传感器
	面	红外线传感器的二维阵列或其等效

5.2.3　传感器的性能指标

为评价或选择传感器，通常需要确定传感器的性能指标。传感器一般有以下几个性能指标。

1. 灵敏度

灵敏度是指传感器的输出信号达到稳定时，输出信号变化与输入信号变化的比值。假如传感器的输出和输入呈线性关系，其灵敏度可表示为

$$s = \frac{\Delta y}{\Delta x}$$

式中，s 为传感器的灵敏度；Δy 为传感器输出信号的增量；Δx 为传感器输入信号的增量。

假如传感器的输出与输入呈非线性关系，其灵敏度就是该曲线的导数。传感器输出量的量纲和输入量的量纲不一定相同。若输出和输入具有相同的量纲，则传感器的灵敏度也称为放大倍数。一般来说，传感器的灵敏度越大越好，这样可以使传感器的输出信号精确度更高，线性

程度更好。但是过高的灵敏度有时会导致传感器的输出稳定性下降，所以应根据机器人的要求选择大小适中的传感器灵敏度。

2. 线性度

线性度反映传感器输出信号与输入信号之间的线性程度。假设传感器的输出信号为 y，输入信号为 x，则输出信号 y 与输入信号 x 之间的线性关系可表示为

$$y = kx$$

若 k 为常数，或者近似为常数，则传感器的线性度较高；如果 k 是一个变化较大的量，则传感器的线性度较差。机器人控制系统应该选用线性度较高的传感器。实际上，只有在少数情况下，传感器的输出和输入才呈线性关系。在大多数情况下，k 为 x 的函数，即

$$k = f(x) = a_0 + a_1 x_1 + a_2 x_2 + \cdots + a_n x_n$$

如果传感器的输入量变化不太大，且 a_1，a_2，$\cdots$，a_n 都远小于 a_0，那么可以取 $k = a_0$，近似地把传感器的输出和输入看成线性关系。常用的线性化方法有割线法、最小二乘法、最小误差法等。

3. 测量范围

测量范围是指被测量的最大允许值和最小允许值之差。一般要求传感器的测量范围必须覆盖机器人有关被测量的工作范围。如果无法达到这一要求，可以设法选用某种转换装置，但这样会引入某种误差，使传感器的测量精度受到一定的影响。

4. 精度

精度是指传感器的测量输出值与实际被测量值之间的误差。在机器人系统设计中，应该根据系统的工作精度要求选择合适的传感器精度。

应该注意传感器精度的使用条件和测量方法。使用条件包括机器人所有可能的工作条件，如不同的温度、湿度、运动速度、加速度，以及在可能范围内的各种负载作用等。用于检测传感器精度的测量仪器必须具有比传感器高一级的精度，进行精度测试时也需要考虑最坏的工作条件。

5. 重复性

在相同测量条件下，对同一被测量进行连续多次测量所得结果之间的一致性称为重复性。若一致性好，传感器的测量误差就越小，重复性越好。对于多数传感器来说，重复性指标都优于精度指标，这些传感器的精度不一定很高，但只要温度、湿度、受力条件和其他参数不变，传感器的测量结果也不会有较大变化。同样，对于传感器的重复性也应考虑使用条件和测试方法的问题。对于示教 - 再现型机器人，传感器的重复性至关重要，它直接关系到机器人能否准

确再现示教轨迹。

6. 分辨率

分辨率是指传感器在整个测量范围内所能识别的被测量的最小变化量，或者所能辨别的不同被测量的个数。如果它辨别的被测量最小变化量越小，或者被测量个数越多，则分辨率越高；反之，则分辨率越低。无论是示教 - 再现型机器人，还是可编程型机器人，都对传感器的分辨率有一定的要求。传感器的分辨率直接影响机器人的可控程度和控制品质。一般需要根据机器人的工作任务规定传感器分辨率的最低限度要求。

7. 响应时间

响应时间是传感器的动态性能指标，是指传感器的输入信号变化后，其输出信号随之变化并达到一个稳定值所需要的时间。在某些传感器中，输出信号在达到某一稳定值以前会发生短时间的振荡。传感器输出信号的振荡对于机器人控制系统来说非常不利，它有时可能会造成一个虚设位置，影响机器人的控制精度和工作精度，所以传感器的响应时间越短越好。响应时间的计算应当以输入信号起始变化的时刻为始点，以输出信号达到稳定值的时刻为终点。实际上，还需要规定一个稳定值范围，只要输出信号的变化不再超出此范围，即可认为它已经达到了稳定值。对于具体系统设计，还应规定响应时间容许上限。

8. 抗干扰能力

机器人的工作环境是多种多样的，在有些情况下可能相当恶劣，因此对于机器人传感器必须考虑其抗干扰能力。由于传感器输出信号的稳定是控制系统稳定工作的前提，为防止机器人系统的意外动作或发生故障，设计传感器系统时必须采用可靠性设计技术。通常抗干扰能力是通过单位时间内发生故障的概率来定义的，因此它是一个统计指标。

在选择工业机器人传感器时，需要根据实际工况、检测精度、控制精度等具体的要求来确定所用传感器的各项性能指标，同时还需要考虑机器人工作的一些特殊要求，比如重复性、稳定性、可靠性、抗干扰性要求等，最终选择性价比较高的传感器。

5.3　工业机器人的内部传感器

机器人内部信息传感器以自己的坐标系统确定其位置。内部传感器一般安装在机器人的机械手上，而不是安装在周围环境中。

机器人内部传感器包括位置和位移传感器、速度传感器、力传感器等。

5.3.1 位置和位移传感器

工业机器人关节的位置控制是机器人最基本的控制要求，而对位置和位移的检测也是机器人最基本的感觉要求。位置和位移传感器根据其工作原理和组成的不同有多种形式。位移传感器种类繁多，这里只介绍一些常用的。图 5-2 所示为各种类型的位移传感器。位移传感器要检测的位移可为直线移动，也可为转动。

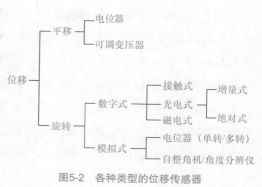

图5-2 各种类型的位移传感器

1. 电位器式位移传感器

电位器式位移传感器由一个绕线电阻（或薄膜电阻）和一个滑动触点组成。滑动触点通过机械装置受被检测量的控制，当被检测的位置量发生变化时，滑动触点也发生位移，从而改变滑动触点与电位器各端之间的电阻值和输出电压值。传感器根据这种输出电压值的变化，可以检测出机器人各关节的位置和位移量。

按照传感器的结构不同，电位器式位移传感器可分为两大类，一类是直线型电位器式位移传感器，另一类是旋转型电位器式位移传感器。

（1）直线型电位器式位移传感器 直线型电位器式位移传感器的工作原理和实物分别如图 5-3 和图 5-4 所示。直线型电位器式位移传感器的工作台与传感器的滑动触点相连，当工作台左、右移动时，滑动触点也随之左、右移动，从而改变与电阻接触的位置，通过检测输出电压的变化量，确定以电阻中心为基准位置的移动距离。

工业机器人
传感器之二

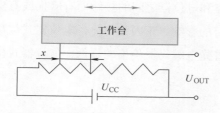

图5-3 直线型电位器式位移传感器工作原理

图5-4 直线型电位器式位移传感器实物

假定输入电压为 U_{CC}，电阻丝长度为 L，触头从中心向左端移动，电阻右侧的输出电压为 U_{OUT}，则根据欧姆定律，移动距离为

$$x = \frac{L(2U_{OUT} - U_{CC})}{2U_{CC}}$$

直线型电位器式位移传感器主要用于检测直线位移，其电阻器采用直线型螺线管或直线型碳膜电阻，滑动触点也只能沿电阻的轴线方向做直线运动。直线型电位器式位移传感器的工作范围和分辨率受电阻器长度的限制，绕线电阻、电阻丝本身的不均匀性会造成传感器的输入、

输出关系的非线性。

（2）旋转型电位器式位移传感器　旋转型电位器式位移传感器的电阻元件呈圆弧状，滑动触点在电阻元件上做圆周运动。由于滑动触点等的限制，传感器的工作范围只能小于360°。把图5-3中的电阻元件弯成圆弧形，可动触点的另一端固定在圆的中心，并像时针那样回转时，由于电阻值随着回转角的变化而改变，因此可构成角度传感器（基于上述同样的理论）。图5-5和图5-6所示分别为旋转型电位器式位移传感器的工作原理和实物。当输入电压 U_{CC} 加在传感器的两个输入端时，传感器的输出电压 U_{OUT} 与滑动触点的位置成比例。在应用时，机器人的关节轴与传感器的旋转轴相连，根据测量的输出电压 U_{OUT} 的数值，即可计算出关节对应的旋转角度。

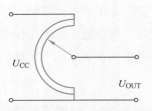

图5-5　旋转型电位器式位移传感器工作原理　　　图5-6　旋转型电位器式位移传感器实物

电位器式位移传感器具有性能稳定、结构简单、使用方便、尺寸小、重量轻等优点。它的输入/输出特性可以是线性的，也可以根据需要选择其他任意函数关系的输入/输出特性；它的输出信号选择范围很大，只需改变电阻器两端的基准电压，就可以得到比较小的或比较大的输出电压信号。这种传感器不会因为失电而丢失其已获得的信息。当电源因故断开时，电位器的触点将保持原来的位置不变，只要重新接通电源，原有的位置信号就会重新出现。电位器式位移传感器的一个主要缺点是容易磨损，当滑动触点和电位器之间的接触面有磨损或有尘埃附着时会产生噪声，使电位器的可靠性和寿命受到一定的影响。正因为如此，电位器式位移传感器在机器人上的应用具有极大的局限性。近年来随着光电编码器价格的降低，电位器式位移传感器逐渐被光电编码器取代。

2. 光电编码器

光电编码器是集光、机、电技术于一体的数字化传感器，它利用光电转换原理将旋转信息转换为电信息，并以数字代码输出，可以高精度地测量转角或直线位移。光电编码器具有测量范围大、检测精度高、价格便宜等优点，在数控机床和机器人的位置检测及其他工业领域都得到了广泛的应用。一般把该传感器装在机器人各关节的转轴上，用来测量各关节转轴转过的角度。

根据检测原理，编码器可分为接触式和非接触式两种。接触式编码器采用电刷输出，以电刷接触导电区和绝缘区分别表示代码的1和0状态；非接触式编码器的敏感元件是光敏元件或磁敏元件，采用光敏元件时以透光区和不透光区表示代码的 1 和 0 状态。根据测量方式不同，编码器可分为直线型（如光栅尺、磁栅尺）和旋转型两种，目前机器人中较为常用的是旋转型光电式编码器。根据测出的信号不同，编码器可分为绝对式和增量式两种。以下主要介绍绝对式光电编码器和增量式光电编码器。

（1）绝对式光电编码器　绝对式光电编码器是一种直接编码式的测量元件，它可以直接把被测转角或位移转化成相应的代码，指示的是绝对位置而无绝对误差，在电源切断时不会失去位置信息。但其结构复杂、价格昂贵，且不易做到高精度和高分辨率。

绝对式光电编码器主要由多路光源、光敏元件和编码盘组成，如图 5-7 所示。编码盘处在光源与光敏元件之间，其轴与电动机轴相连，随电动机的旋转而旋转。编码盘上有 4 个同心圆环码道，整个圆盘又以一定的编码形式（如二进制编码等）分为 16 等份的扇形区段，如图 5-8 所示。光电编码器利用光电原理把代表被测位置的各等份上的数码转换成电脉冲信号输出，以用于检测。

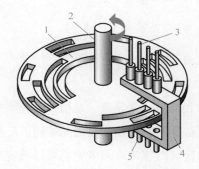 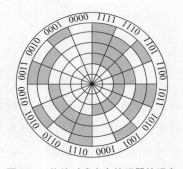

图5-7　4位绝对式光电编码器简图　　　　　图5-8　4位绝对式光电编码器编码盘

1—编码盘　2—轴　3—光敏元件　4—光遮断器　5—光源

与码道个数相同的 4 个光电器件分别与各自对应的码道对准并沿编码盘的半径呈直线排列，通过这些光电器件的检测把代表被测位置的各等份上的数码转换成电信号输出。编码盘每转一周产生 0000 ~ 1111 共 16 个二进制数，对应于转轴的每一个位置均有唯一的二进制编码，因此可用于确定旋转轴的绝对位置。

绝对位置的分辨率（分辨角）α 取决于二进制编码的位数，即码道的个数 n。分辨率 α 的计算公式为

$$\alpha = \frac{360°}{2^n}$$

如有 10 个码道，则此时角度分辨率可达 0.35°。目前市场上使用的光电编码器的编码盘数为 4 ~ 18 道。在应用中通常考虑伺服系统要求的分辨率和机械传动系统的参数，以选择合适的编码器。

二进制编码器的主要缺点是：编码盘上的图案变化较大，在使用中容易产生误读。在实际应用中，可以采用格雷码代替二进制编码。

（2）增量式光电编码器　增量式光电编码器能够以数字形式测量出转轴相对于某一基准位置的瞬间角位置，此外还能测出转轴的转速和转向。增量式光电编码器主要由光源、编码盘、检测光栅、光电检测器件和转换电路组成，其结构如图5-9所示。编码盘上刻有节距相等的辐射状透光缝隙，相邻两个缝隙之间代表一个增量周期 τ；检测光栅上刻有三个同心光栅，分别称为 A 相、B 相和 C 相光栅。A 相光栅与 B 相光栅上分别有间隔相等的透明和不透明区域，用于透光和遮光，A 相和 B 相在编码盘上互相错开半个节距 $\tau/2$。增量式光电编码器编码盘如图 5-10 所示。

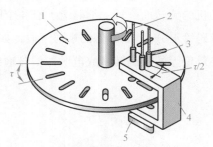

图5-9　增量式光电编码器简图

1—编码盘　2—C 光敏元件　3—AB 光敏元件
4—光遮断器　5—光源

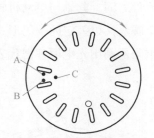

图5-10　增量式光电编码器编码盘

当编码盘逆时针方向旋转时，A 相光栅先于 B 相光栅透光导通，A 相和 B 相光电元件接受时断时续的光；当编码盘顺时针方向旋转时，B 相光栅先于 A 相光栅透光导通，A 相和 B 相光电元件接受时断时续的光。根据 A、B 相任何一光栅输出脉冲数的多少就可以确定编码盘的相对转角；根据输出脉冲的频率可以确定编码盘的转速；采用适当的逻辑电路，根据 A、B 相输出脉冲的相序就可以确定编码盘的旋转方向。可见，A、B 两相光栅的输出为工作信号，而 C 相光栅的输出为标志信号，编码盘每旋转一周，发出一个标志信号脉冲，用来指示机械位置或对积累量清零。

光电编码器的分辨率（分辨角）α 是以编码器轴转动一周所产生的输出信号的基本周期数来表示的，即脉冲数每转（PPR）。编码盘旋转一周输出的脉冲信号数目取决于透光缝隙数目的多少，编码盘上刻的缝隙越多，编码器的分辨率就越高。假设编码盘的透光缝隙数目为 n，则分辨率 α 的计算公式为

$$\alpha = \frac{360°}{n}$$

在工业中，根据不同的应用对象，通常可选择分辨率为 500 ~ 6000PPR 的增量式光电编码器，最高可以达到几万 PPR。增量式光电编码器的优点有：原理构造简单，易于实现；机械平均寿命长，可达到几万小时以上；分辨率高；抗干扰能力较强，可靠性较高；信号传输距离较长。其缺点是：它无法直接读出转动轴的绝对位置信息。

5.3.2　速度传感器

速度传感器是工业机器人中较重要的内部传感器之一。由于在机器人中主要需测量的是机器人关节的运行速度，故这里仅介绍角速度传感器。目前广泛使用的角速度传感器有测速发电机和增量式光电编码器两种。测速发电机是应用最广泛，能直接得到代表转速的电压且具有良好实时性的一种速度测量传感器。增量式光电编码器既可以用来测量增量角位移，又可以测量瞬时角速度。速度传感器的输出有模拟式和数字式两种。

1. 测速发电机

测速发电机是一种用于检测机械转速的电磁装置，它能把机械转速变换为电压信号，其输出电压与输入的转速成正比，其实质是一种微型直流发电机，它的绕组和磁路经精确设计，其结构原理如图 5-11 所示。直流测速发电机的工作原理基于法拉第电磁感应定律，当通过线圈的磁通量恒定时，位于磁场中的线圈旋转使线圈两端产生的感应电动势与线圈转子的转速成正比，即

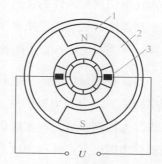

图5-11　直流测速发电机结构原理
1—永久磁铁　2—转子线圈　3—电刷

$$U = kn$$

式中，U 为测速发电机的输出电压（V）；n 为测速发电机的转速；k 为比例系数。

改变旋转方向时，输出电动势的极性即相应改变。在被测机构与测速发电机同轴连接时，只要检测出输出电动势，就能获得被测机构的转速，故又称速度传感器。测速发电机广泛用于各种速度或位置控制系统。在自动控制系统中，测速发电机作为检测速度的元件，以调节电动机转速或通过反馈来提高系统的稳定性和精度；在解算装置中既可作为微分、积分元件，也可作为用于加速或延迟信号，或用来测量各种运动机械在摆动、转动或直线运动时的速度。

2. 增量式光电编码器

增量式光电编码器在工业机器人中既可以用来作为位置传感器测量关节相对位置，又可以作为速度传感器测量关节速度。作为速度传感器时，既可以在模拟方式下使用，又可以在数字方式下使用。

（1）模拟方式　在这种方式下，必须有一个频率-电压（f/U）变换器，用来把编码器测得的脉冲频率转换成与速度成正比的模拟电压。f/U 变换器必须有良好的零输入、零输出特性和较小的温度漂移，这样才能满足测试要求。

（2）数字方式　数字方式测速是指基于数学公式，利用计算机软件计算出速度。由于角速度是转角对时间的一阶导数，如果能测得单位时间 Δt 内编码器转过的角度 $\Delta \theta$，则编码器在该时间段内的平均速度为

$$\omega = \frac{\Delta \theta}{\Delta t}$$

单位时间取得越小，则所求的速度越接近瞬时转速；然而时间太短，编码器通过的脉冲数太少，又会导致所得到的速度分辨率下降。在实践中通常采用时间增量测量电路来解决这一问题。

5.3.3　力觉传感器

力觉传感器是指工业机器人的指、肢和关节等运动中所受力或力矩的感知。工业机器人在进行装配、搬运、研磨等作业时需要对工作力或力矩进行控制。例如装配时需完成将轴类零件插入孔里、调准零件的位置、拧紧螺钉等一系列步骤，在拧紧螺钉过程中需要有确定的拧紧力矩；搬运时，机器人手爪对工件需要合理的握紧力，握力太小不足以搬动工件，太大则会损坏工件；研磨时需要有合适的砂轮进给力以保证研磨质量。

目前使用最广泛的是电阻应变片式六维力和力矩传感器，如图 5-12 所示，它能同时获取三维空间的三维力和力矩信息，广泛应用于力/位置控制、轴孔配合、轮廓跟踪及双机器人协调等机器人控制领域。在实践应用中，传感器两端通过法兰盘与工业机器人腕部连接。当机器人腕部受力时，其内部测力或力矩元件发生不同程度的变形，使敏感点的应变片发生应变，输出电信号，通过一定的数学关系式就可解算出 X、Y、Z 三个坐标上的分力和分力矩。

图5-12　六维力和力矩传感器

5.4　工业机器人的外部传感器

现有的工业机器人，绝大多数没有外部传感器。但是，对于新一代机器人，特别是各种移动机器人，则要求具有自校正能力和反映适应环境变化的能力。已有越来越多的机器人具有各种外部传感器，而视觉传感器将在 5.5 节介绍。

5.4.1　触觉传感器

触觉是人与外界环境直接接触时的重要感觉功能，研制满足要求的触觉传感器是机器人发展中的关键技术之一。随着微电子技术的发展和各种有机材料的出现，业内已经提出了多种多样的触觉传感器的研制方案，但目前大都属于实验室阶段，达到产品化的不多。触觉传感器按功能大致可分为接触觉传感器、力－力矩觉传感器、压觉传感器和滑觉传感器等。

接触觉传感器是用于判断机器人（主要指四肢）是否接触到外界物体或测量被接触物体特征的传感器。接触觉传感器有微动开关式、导电橡胶式、含碳海绵式、碳素纤维式、气动复位式等类型。

1. 微动开关式

它由弹簧和触头构成。触头接触外界物体后离开基板，造成信号通路断开，从而测到与外界物体的接触。这种常闭式（未接触时一直接通）微动开关的优点是使用方便，结构简单；缺点是易产生机械振荡，触头易氧化。

2. 导电橡胶式

它以导电橡胶为敏感元件。当触头接触外界物体受压后，压迫导电橡胶，使它的电阻发生改变，从而使流经导电橡胶的电流发生变化。这种传感器的缺点是：由于导电橡胶的材料配方存在差异，出现的漂移和滞后特性也不一致。优点是具有柔性。

3. 含碳海绵式

它在基板上装有海绵构成的弹性体，在海绵中按阵列布以含碳海绵。接触物体受压后，含碳海绵的电阻减小，测量流经含碳海绵电流的大小，可确定受压程度。这种传感器也可用作压觉传感器。优点是结构简单，弹性好，使用方便。缺点是碳素分布的均匀性直接影响测量结果，受压后恢复能力较差。

4. 碳素纤维式

以碳素纤维为上表层，下表层为基板，中间装以氨基甲酸酯和金属电极。接触外界物体时，碳素纤维受压与电极接触导电。它的特点是柔性好，可装于机械手臂曲面处，但滞后较大。

5. 气动复位式

它有柔性绝缘表面，受压时变形，脱离接触时则由压缩空气作为复位的动力。与外界物体接触时，其内部的弹性圆泡（铍铜箔）与下部触点接触而导电。它的特点是柔性好，可靠性高，但需要压缩空气源。

5.4.2 应力传感器

应力定义为"单位面积上所承受的附加内力"。应力应变是应力与应变的统称。最简单的应力应变传感器就是电阻应变片，直接贴装在被测物体表面就可以，应力是通过标定转换应变来的。物体受力产生变形时，特别是弹性元件，体内各点处变形程度一般并不相同。用以描述一点处变形程度的力学量是该点的应变。应力应变式传感器是利用电阻应变片将应变转换为电阻变化的传感器。当被测物理量作用于弹性元件上，弹性元件在力矩或压力等的作用下发生变形，产生相应的应变或位移，然后传递给与之相连的应变片，引起应变片的电阻值变化，通过测量电路变成电量输出。输出的电量大小反映被测量即受力的大小。

5.4.3　接近度传感器

接近度传感器是检测物体接近程度的传感器。接近度可表示物体的来临、靠近或出现、离去或失踪等。接近度传感器在生产过程和日常生活中应用广泛，它除可用于检测计数外，还可与继电器或其他执行元件组成接近开关，以实现设备的自动控制和操作人员的安全保护，特别是工业机器人在发现前方有障碍物时，可限制机器人的运动范围，以避免与障碍物发生碰撞等。接近度传感器的制造方法有多种，可分为磁感应器式和振荡器式两类。

1. 磁感应器式接近度传感器

按构成原理不同，磁感应器式接近度传感器又可分为线圈磁铁式、电涡流式和霍耳式。

1）线圈磁铁式：它由装在壳体内的一块小永磁铁和绕在磁铁上的线圈构成。当被测物体进入永磁铁的磁场时，就在线圈里感应出电压信号。

2）电涡流式：它由线圈、激励电路和测量电路组成（见电涡流式传感器）。它的线圈受激励而产生交变磁场，当金属物体接近时就会由于电涡流效应而输出电信号。

3）霍耳式：它由霍耳元件或磁敏二极管、晶体管构成（见半导体磁敏元件）。当磁敏元件进入磁场时就产生霍耳电动势，从而能检测出引起磁场变化的物体的接近。

磁感应器式接近度传感器有多种灵活的结构形式，以适应不同的应用场合，它可直接用于对传送带上经过的金属物品计数，也可做成空心管状对管中落下的小金属品计数，还可套在钻头外面，在钻头断损时发出信号，使机床自动停车。

2. 振荡器式接近度传感器

振荡器式接近度传感器有两种形式：一种形式利用组成振荡器的线圈作为敏感部分，进入线圈磁场的物体会吸收磁场能量而使振荡器停振，从而改变晶体管集电极电流来推动继电器或其他控制装置工作；另一种形式采用一块与振荡回路接通的金属板作为敏感部分，当物体（例如人）靠近金属板时便形成耦合"电容器"，从而改变振荡条件，导致振荡器停振，这种传感器又称为电容式继电器，常用于宣传广告中实现电灯或电动机的接通或断开、门和电梯的自动控制、防盗报警、安全保护装置以及产品计数等。

5.4.4　其他外传感器

1. 声觉传感器

声觉传感器主要用于感受和解释在气体（非接触式感受）、液体或固体（接触式感受）中的声波。声波传感器的复杂程度可从简单的声波存在检测到复杂的声波频率分析和对连续自然语言中单独语音和词汇的辨识。

可把人工语音感觉技术用于机器人。在工业环境中，机器人感觉某些声音是有用的：有些声音（如爆炸）可能意味着危险，另一些声音（如叫声）可能用作命令。声音识别系统已越来越多地获得应用。

2. 温度传感器

温度传感器有接触式和非接触式两种，均可用于工业机器人。当机器人自主运行时，或者不需要人在场时，或者需要知道温度信号时，温度感觉特性是很用的。有必要提高温度传感器（如测量钢液温度）的精度及区域反应能力。通过改进热电电视摄像机的特性，已在感觉温度图像方面取得显著进展。两种常用的温度传感器为热敏电阻和热电偶。这两种传感器必须和被测物体保持实际接触，热敏电阻的阻值与温度成正比变化，热电偶能够产生一个与两温度差成正比的小电压。

3. 滑觉传感器

滑觉传感器主要检测物体的滑动。当机器人抓住特性未知的物体时，必须确定最适合的握力值。为此，需要检测出握力不够时所产生的物体滑动信号，然后利用这个信号，在不损坏物体的情况下，牢牢地抓住该物体。

现在应用的滑觉传感器主要有两种：一是利用光学系统的滑觉传感器，二是利用晶体接收器的滑觉传感器。前者的检测灵敏度随滑动方向不同而异，后者的检测灵敏度则与滑觉方向无关。

5.5 工业机器人视觉技术

随着自动化生产对效率和精度控制要求的不断提高，人工检测已经无法满足工业需求，解决的方法就是采用自动检测。自从 20 世纪 70 年代机器视觉系统产品出现以来，其已经逐步向处理复杂检测、引导机器人和自动测量几个方面发展，逐渐消除了人为因素，降低了错误发生的概率。

机器视觉系统是一种非接触式的光学传感系统，同时集成软硬件，综合现代计算机、光学、电子技术，能够自动地从所采集到的图像中获取信息或者产生控制动作。机器视觉系统的具体应用需求千差万别，视觉系统本身也可能有多种形式，但都包括三个步骤：首先，利用光源照射被测物体，通过光学成像系统采集视频图像，相机和图像采集卡将光学图像转换为数字图像；然后，计算机通过图像处理软件对图像进行处理，分析获取其中的有用信息，这是整个机器视觉系统的核心；最后，图像处理获得的信息最终用于对对象（被测物体、环境）的判断，并形成相应的控制指令，发送给相应的机构。

在整个过程中，被测对象的信息反映为图像信息，进而经过分析，从中得到特征描述信息，最后根据获得的特征进行判断和动作。最典型的机器视觉系统包括：光源、光学成像系统、相机、图像采集卡、图像处理硬件平台、图像和视觉信息处理软件及通信模块，如图5-13所示。

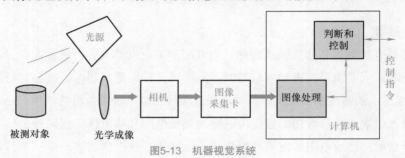

图5-13　机器视觉系统

采用机器视觉系统，工业机器人将具有以下优势：

（1）可靠性　非接触测量不仅满足狭小空间装配过程的检测，同时提高了系统安全性。

（2）精度高　可提高测量精度，人工目测受测量人员主观意识的影响，而机器视觉这种精确的测量仪器排除这种干扰，提高了测量结果的准确性。

（3）灵活性　视觉系统能够进行各种测量。当使用环境变化以后，只需软件做相应变化或者升级以适应新的需求即可。

（4）自适应性　机器视觉可以不断获取多次运动后的图像信息，反馈给运动控制器，直至最终结果准确，实现自适应闭环控制。

思考练习题

1. 工业机器人传感器分为哪几类？分别起什么作用？

2. 常用的机器人内传感器和外传感器有哪几种？

3. 选择工业机器人传感器时主要考虑哪些因素？

4. 光电编码器可用于测量的模拟量有哪些？

5. 假设检测角度精度为0.1°，试问绝对式光电编码器的码道个数为多少？

6. 假设检测角度精度为0.1°，试问增量式光电编码器的透光缝隙数为多少？

7. 简述接近度传感器的工作原理。

8. 机器视觉系统包括哪些组成部分？

第6章
CHAPTER 6

工业机器人的控制系统

6.1　工业机器人控制系统的功能和组成

工业机器人由主体、驱动系统和控制系统三个基本部分组成。主体即机座和执行机构，包括臂部、腕部和手部，有的机器人还有行走机构。大多数工业机器人有 3～6 个运动自由度，其中腕部通常有 1～3 个运动自由度。驱动系统包括动力装置和传动机构，用以使执行机构产生相应的动作。控制系统是按照输入的程序对驱动系统和执行机构发出指令信号，并进行相应控制。

工业机器人
控制系统

1. 工业机器人控制系统的功能

机器人控制系统是机器人的重要组成部分，用于对操作机的控制，以完成特定的工作任务，其基本功能如下：

1）记忆功能：指存储作业顺序、运动路径、运动方式、运动速度和与生产工艺有关的信息。

2）示教功能：指离线编程、在线示教和间接示教。在线示教包括示教器和导引示教两种。

3）与外围设备联系功能。此功能需要的接口有输入和输出接口、通信接口、网络接口和同步接口。

4）坐标设置功能：有关节坐标系、绝对坐标系、工具坐标系、用户自定义坐标系四种。

5）人机接口：有示教器接口、操作面板接口及显示屏接口。

6）传感器接口：有多种传感器（如位置传感器、视觉传感器、触觉传感器、力觉传感器）接口。

7）位置伺服功能：包括机器人多轴联动、运动控制、速度和加速度控制、动态补偿等。

8）故障诊断安全保护功能：包括运行时系统状态监视、故障状态下的安全保护和故障自诊断。

2. 工业机器人控制系统的组成

如图6-1所示，工业机器人主要由以下部分组成：

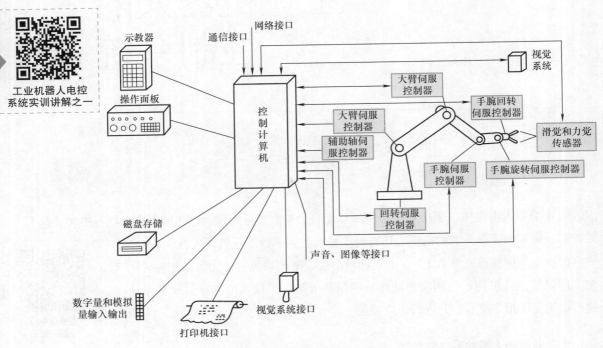

图6-1 机器人控制系统组成框图

1）控制计算机：它是控制系统的调度指挥机构。一般为微型机、微处理器，有32位、64位等，如酷睿系列CPU以及其他类型CPU。

2）示教器。示教机器人的工作轨迹、参数设定以及所有人机交互操作等环节都配有独立的CPU以及存储单元，与主计算机之间以串行通信方式实现信息交互。

3）操作面板：由各种操作按键、状态指示灯构成，只完成基本功能操作。

4）磁盘存储器：指存储机器人工作程序的外围存储器。

5）数字量和模拟量输入输出：包括各种状态和控制命令的输入或输出。

6）打印机接口：可输出各种信息。

7）传感器接口：用于信息的自动检测，实现机器人柔顺控制，一般为力觉、触觉和视觉传感器。

8）轴控制器：完成机器人各关节位置、速度和加速度控制。

9）辅助设备控制：用于和机器人配合的辅助设备控制，如手爪变位器等。

10）通信接口：实现机器人和其他设备的信息交换，一般有串行接口和并行接口。

11）网络接口：包括 Ethernet 接口和 Fieldbus 接口。

Ethernet 接口可通过以太网实现数台或单台机器人直接与 PC 通信，数据传输速率高达 10Mbit/s。在 PC 上用 Windows 库函数进行应用程序编制之后，支持 TCP/IP 通信协议，通过 Ethernet 接口将数据及程序装入各个机器人控制器中。

Fieldbus 接口支持多种流行的现场总线规格，如 Devicenet、AB Remote I/O、Interbus、Profibus-DP 及 M-Net 等。

3. ABB工业机器人控制系统的组成

国外的工业机器人都采用基于各自控制结构的控制软件，同时为了便于用户进行二次开发，都提供各自的二次开发包。ABB 工业机器人控制系统的构成如图 6-2 所示，技术参数见表 6-1。

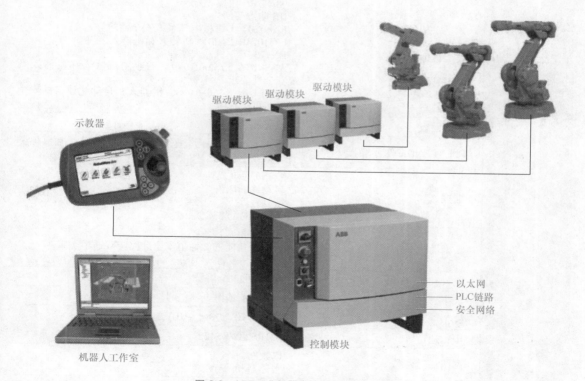

图 6-2　ABB工业机器人控制系统的构成

表 6-1 ABB 工业机器人的技术参数

性能	控制硬件	1）多处理器系统 2）PCI 总线 3）CPU 4）大容量 U 盘或硬盘 5）应对断电的能量备份 6）USB 存储接口
	控制软件	1）目标化数据 2）高级 RAPID 机器人语言编程 3）便携式、开放式、可扩容 4）PC-DOS 文件格式 5）Robotware 软件产品 6）预装软件，另有 CD-ROM 可供安装
电器连接	电源电压	200～600V，50～60Hz 一体化变压器或直接电网连接
物理数据	控制模块	尺寸：625mm×700mm×700mm　质量：105kg
	驱动模块	尺寸：625mm×700mm×700mm　质量：145kg
使用环境	环境温度	5～45℃　可选 >45℃
	环境相对湿度	最大 95%
	保护等级	IP54
	安全达标等级	98/47/EC 机器规定 IIB 防爆等级 EN60204-1 机械电气系统安全需求 ISO10218-2-2013 机器人和机器人装置 EN775 工业机器人作业安全 ANSI/RIA R15.06/1999　工业用机器人和机器人系统安全性要求 ANSI/UL　1740-1998　机器人和自动化设备的安全标准（可选标准）
用户界面	控制面板	机箱或者遥控
	FLEXPENDANT 示教器	重 1.3kg，有图形化彩色触摸屏、操纵杆和急停装置，共 8 个按键
	维护	状态显示 LED 自动诊断软件 恢复程序 带时间标记的信息记录
	安全性	安全停止和紧急停止装置 带监督功能的 2 通道安全回路（双通道） 3 位启动装置（手动、自动、急速手动）
机器界面	输入和输出	最多 1024 个信号
	数字	24V 直流或继电器信号
	模拟	2×0～10V，3×±10V,1×4～20mA
	串行通道	1×RS232/RS422
	网络通道两条	以太网 服务器和 LAN
	现场总线扫描器	Devicenet, Interbus, Profibus-DP, Devicenet 网关 Allen-Bradley 远程 I/O, CC-Link
	离散型 I/O	16 进 16 出，24V DC100mA
	过程编码器 过程接口	最多 6 条通道，上臂预留通信与信息接口，控制器内预留其他设备空间

6.2　工业机器人控制系统的分类和结构

6.2.1　工业机器人控制系统的分类

（1）程序控制系统　一个自由度施加一定规律的控制作用，机器人就可实现要求的空间轨迹。

（2）自适应控制系统　该系统用于在边界条件变化时，为保证所要求的品质或为了随着经验的积累而自行改善控制品质。其过程是基于操作机的状态和伺服误差的观察，再调整非线性模型的参数，直到误差消失为止。这种系统的结构和参数能随时间和条件的变化自动改变。

（3）人工智能系统　该系统无法编制运动程序，而是要求在运动过程中根据所获得的周围状态信息，实时确定控制作用（驱动方式参见工业机器人驱动系统，运动方式参见工业机器人运动系统）。

（4）点位式控制系统　机器人准确控制末端执行器的位姿，而与路径无关。

（5）轨迹式控制系统　机器人按示教的轨迹和速度运动。

（6）控制总线　采用国际标准总线作为控制系统的控制总线，如 VME-bus、Multi-bus、STD-bus、PC-bus。

（7）自定义总线控制系统　用生产厂家自行定义使用的总线作为控制系统总线。

（8）编程方式设置系统　由操作者设置固定的限位开关，实现启动、停车的程序操作，只能用于简单的拾起和放置作业。

（9）在线编程系统　通过人的示教来完成操作信息的记忆过程编程方式，包括直接示教（即手把手示教）、模拟示教和示教器示教。

（10）离线编程系统　不对实际作业的机器人直接示教，而是脱离实际作业环境，生成示教程序，通过使用高级机器人编程语言，远程式离线生成机器人作业轨迹。

6.2.2　机器人控制系统的结构

机器人控制系统按其控制方式可分为以下三类。

1. 集中控制系统（Centralized Control System）

用一台计算机实现全部控制功能，结构简单，成本低，但实时性差，难以扩展，在早期的机器人中常采用这种结构，其构成框图如图 6-3 所示。基于 PC 的集中控制系统充分利用了 PC

资源开放性的特点，可以实现很好的开放性：多种控制卡、传感器设备等都可以通过标准 PCI 插槽或通过标准串口、并口集成到控制系统中。集中式控制系统的优点是：硬件成本较低，便于信息的采集和分析，易于实现系统的最优控制，整体性与协调性较好，基于 PC 的系统硬件扩展较为方便。其缺点也显而易见：系统控制缺乏灵活性，控制危险容易集中，一旦出现故障，其影响面广，后果严重；由于工业机器人的实时性要求很高，当系统进行大量数据计算时，会降低系统实时性，系统对多任务的响应能力也会与系统的实时性相冲突；此外，系统连线复杂，会降低系统的可靠性。

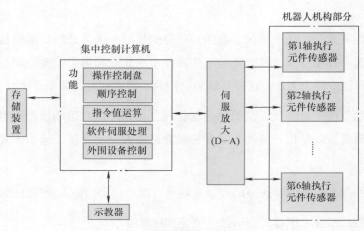

图6-3　集中控制系统框图

2. 主从控制系统

采用主、从两级处理器实现系统的全部控制功能。主 CPU 实现管理、坐标变换、轨迹生成和系统自诊断等；从 CPU 实现所有关节的动作控制。其构成框图如图 6-4 所示。主从控制系统实时性较好，适于高精度、高速度控制，但其系统扩展性较差，维修困难。

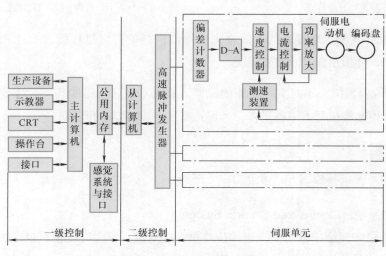

图6-4　主从控制系统框图

3. 分散控制系统（Distribute Control System）

分散控制系统按系统的性质和方式分成几个模块，每一个模块各有不同的控制任务和控制策略，各模式之间可以是主从关系，也可以是平等关系。分散控制系统又称为集散控制系统或 DCS 系统。这种控制系统实时性好，易于实现高速、高精度控制，易于扩展，可实现智能控制，是目前流行的控制系统，其控制框图如图 6-5 所示。其主要思想是"分散控制，集中管理"，即系统对其总体目标和任务可以进行综合协调和分配，并通过子系统的协调工作来完成控制任务，整个系统在功能、逻辑和物理等方面都是分散的。这种结构中，子系统是由控制器和不同被控对象或设备构成的，各个子系统之间通过网络等相互通信。分散控制结构提供了一个开放、实时、精确的机器人控制系统。分散系统中常采用两级控制方式。

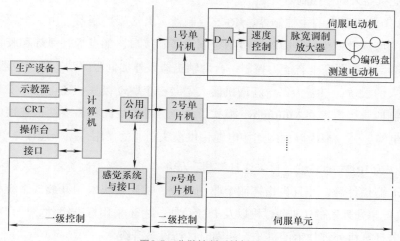

图6-5 分散控制系统框图

两级分散控制系统通常由上位机、下位机和网络组成。上位机可以进行不同的轨迹规划和控制算法，下位机进行插补细分、控制优化等的研究和实现。上位机和下位机通过通信总线相互协调工作，这里的通信总线可以是 RS-232、RS-485、EEE-488 以及 USB 总线等形式。现在，以太网和现场总线技术的发展为机器人提供了更快速、稳定、有效的通信服务。尤其是现场总线，它应用于生产现场，在计算机化测量控制设备之间实现双向多结点数字通信，从而形成了新型的网络集成式全分散控制系统——现场总线控制系统 FCS（Filedbus Control System）。在工厂生产网络中，将可以通过现场总线连接的设备统称为"现场设备/仪表"。从系统论的角度来说，工业机器人作为工厂的生产设备之一，也可以归纳为现场设备。在机器人系统中引入现场总线技术后，更有利于机器人在工业生产环境中的集成。

分散控制系统的优点是：系统灵活性好，控制系统的危险性降低，采用多处理器的分散控制，有利于系统功能的并行执行，提高系统的处理效率，缩短响应时间。

对于具有多自由度的工业机器人而言，集中控制对各个控制轴之间的耦合关系处理得很好，可以很简单地进行补偿。但是，当轴的数量增加到使控制算法变得很复杂时，其控制性能会恶化。而且，当系统中轴的数量或控制算法变得很复杂时，可能会导致系统需要重新设计。与之相比，分散结构的每一个运动轴都由一个控制器处理，这意味着系统有较少的轴间耦合和较高的系统重构性。

6.2.3 ABB工业机器人控制系统简介

1. ABB工业机器人系统运行平台

ABB 工业机器人系统运行平台 Based on VxWorks & .Net FrameWork 基于 VxWorks 和 .Net Frame Work，运行稳定。

2. ABB工业机器人的主控制器

作为 ABB 工业机器人的主控制器，IRC5 控制器（灵活型控制器）由一个控制模块和一个驱动模块组成，可选增一个过程模块以容纳定制设备和接口，如点焊、弧焊和胶合等。配备这三种模块的灵活型控制器完全有能力控制一台六轴机器人外加伺服驱动工件定位器及类似设备。如需增加机器人的数量，只需为每台新增机器人增装一个驱动模块，还可选择安装一个过程模块，最多可控制四台机器人在 Multimove 模式下作业。各模块间只需要两根连接电缆，一根为安全信号传输电缆，另一根为以太网连接电缆，供模块间通信使用，模块连接简单易行。

控制模块作为 IRC5 的心脏，自带主计算机，能够执行高级控制算法，为多达 36 个伺服轴进行 Multimove 路径计算，并且可指挥四个驱动模块。控制模块采用开放式系统架构，配备基于商用 Intel 主板和处理器的工业 PC 机以及 PCI 总线。由于采用标准组件，用户不必担心设备淘汰问题，随着计算机处理技术的进步，能随时进行设备升级。

3. ABB工业机器人的通信方式（见图6-6）

完善的通信功能是 ABB 工业机器人控制系统的特点。其 IRC5 控制器的 PCI 扩展槽中可以

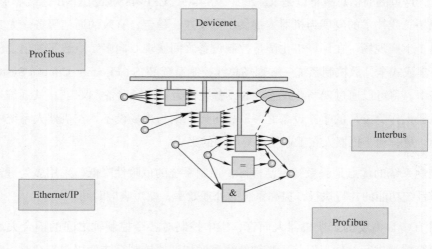

图6-6　ABB机器人通信方式

安装几乎任何常见类型的现场总线板卡，包括满足 ODVA 标准可使用众多第三方装置的单信道 Devicenet、支持最高速率为 12Mbit/s 的双信道 Profibus-DP 以及可使用铜线和光纤接口的双信道 Interbus。

4. ABB工业机器人模块化（见图6-7）

1）正面电气接口。

2）平齐侧面，节约空间。

3）所有模块位置任意组合。

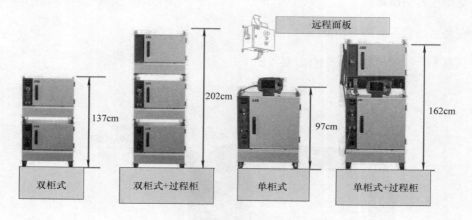

图6-7　ABB机器人模块化

5. ABB工业机器人可扩展性（见图6-8）

1）将模块放置在最合适的地方。

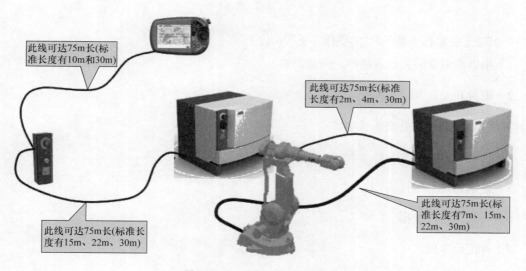

图6-8　ABB工业机器人可扩展性

2）节约空间。

3）降低成本。

6. ABB工业机器人示教器（见图6-9）

1）有 3D 摇杆和彩色大触摸屏。

2）支持 14 国语言。

3）可配置不同的访问权限。

4）支持左右手设置。

5）在恶劣环境具有防护功能。

6）只有 8 个按钮（包括 4 个自定义按钮）。

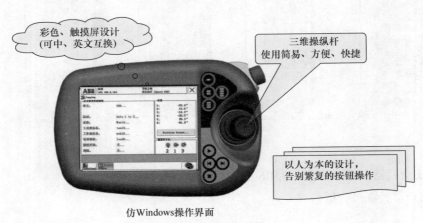

彩色、触摸屏设计
（可中、英文互换）

三维操纵杆
使用简易、方便、快捷

以人为本的设计，
告别繁复的按钮操作

仿Windows操作界面

图6-9 机器人示教器

7. ABB工业机器人基于PC的操作（见图6-10）

1）根据需要安装和配置机器人的控制器。

2）配置和安装 Robot Ware。

3）可十分简便地更改系统参数。

4）可监控 I/O 信号。

5）可编辑基本编程语言。

6）可管理生产数据。

7）可记录事件。

8）可备份和恢复数据。

a)

b)

图6-10 机器人基于PC的操作

9）可远程接入。

8. ABB虚拟机器人技术

1）虚拟机器人技术是现实机器人控制器的精确拷贝，可进行完全真实的离线仿真。

2）机器人程序和配置参数可以在机器人和计算机之间直接方便地传输。

9. ABB工业机器人特色软件包（见图6-11）

ABB工业机器人控制器除本身的预装软件外，还有特色软件包供用户选择（如弧焊、装配、切割、压铸、包装、塑胶、点焊、冲压自动化、机加工等），机器人在不同的应用领域可选择对应的软件包。

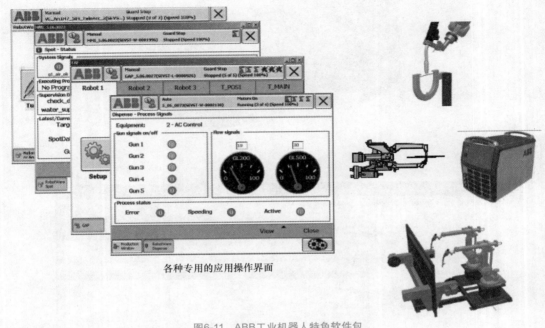

各种专用的应用操作界面

图6-11 ABB工业机器人特色软件包

6.3 工业机器人控制器

6.3.1 工业机器人控制器的功能

1）多任务功能。一台工业机器人可进行多个任务的操作。

2）网络功能。工业机器人具有丰富的网络通信功能，如 RS-232、RS-485 以及以太网通信功能，机器人动作与通信并行处理，无通信时间的浪费，生产效率更高。

3）操作历史记录功能。可记录工业机器人的工作情况，以便于工业机器人的管理和维护。

4）海量存储。大容量存储器可存储更多的程序和更多的历史使用信息。

5）用户接口丰富。具有鼠标、键盘、显示器和 USB 接口，控制器可作为一台计算机使用，方便用户操作。

6.3.2 工业机器人常用的控制器

从世界上第一台遥控机械手诞生至今已有 50 年了，在这几十年里，伴随着计算机、自动控制理论的发展、工业生产的需要及相关技术的进步，工业机器人的发展共经历了三代：

1）可编程的示教再现型机器人。

2）基于传感器控制、具有一定自主能力的机器人。

3）智能机器人。

作为机器人的核心部分，机器人控制器是影响机器人性能的关键部分之一。它从一定程度上影响着机器人的发展。人工智能、计算机科学、传感器技术及其他相关学科的长足进步，使得机器人的研究在高水平上进行，同时也为机器人控制器的性能提出了更高的要求。对于不同类型的机器人，如有腿的步行机器人与关节工业机器人，控制系统的综合方法有较大差别，控制器的设计方案也不一样。

机器人控制器是根据指令以及传感信息控制机器人完成一定的动作或作业任务的装置，它是机器人的心脏，决定了机器人性能的优劣。

从机器人控制算法的处理方式来看，可分为串行和并行两种结构类型。

1. 串行处理结构

所谓的串行处理结构是指机器人的控制算法由串行机来处理。对于这种类型的控制器，从计算机结构、控制方式来划分，又可分为以下几种：

（1）单CPU结构、集中控制方式　用一台功能较强的计算机实现全部控制功能。在早期的机器人中，如Hero-Ⅰ、Robot-Ⅰ等就采用这种结构，但控制过程中需要许多计算（如坐标变换），因此这种控制结构速度较慢。

（2）二级CPU结构、主从式控制方式　一级CPU为主机，担当系统管理、机器人语言编译和人机接口功能，同时也利用它的运算能力完成坐标变换、轨迹插补，并定时地把运算结果作为关节运动的增量送到公用内存，供二级CPU读取；二级CPU完成全部关节位置数字控制。

这类系统的两个CPU总线之间基本没有联系，仅通过公用内存交换数据，是一个松耦合的关系。所以对采用增加CPU的形式来将本身的功能进行分散化非常困难。日本于20世纪70年代生产的Motoman机器人（5关节，直流电动机驱动）的计算机系统就属于主从式结构。

（3）多CPU结构、分散控制方式　目前，普遍采用这种上、下位机二级分布式结构，上位机负责整个系统管理以及运动学计算、轨迹规划等。下位机由多CPU组成，每个CPU控制一个关节运动，这些CPU和主控机之间的联系是通过总线形式的紧耦合实现的。这种结构的控制器工作速度和控制性能明显提高，但这些多CPU系统共有的特征都是针对具体问题而采用的功能分散结构，即每个处理器承担固定任务。目前世界上大多数商品化机器人控制器都是这种结构。

计算机控制系统中的位置控制部分几乎无一例外地采用数字式位置控制。

以上几种类型的控制器都是采用串行机来计算机器人的控制算法，它们存在一个共同的弱点：计算负担重、实时性差。所以大多采用离线规划和前馈补偿解耦等方法来减轻实时控制中的计算负担。当机器人在运行中受到干扰时，其性能将受到影响，更难以保证高速运动中所要求的精度指标。

由于机器人控制算法的复杂性以及机器人控制性能亟待提高，许多学者从建模、算法等多方面进行了减少计算量的努力，但仍难以在串行结构控制器上满足实时计算的要求。因此，必须从控制器本身寻求解决办法。方法之一是选用高档次微机或小型机；另一种方法就是采用多处理器做并行计算，提高控制器的计算能力。

2. 并行处理结构

并行处理技术是提高计算速度的一个重要而有效的手段，能满足机器人控制的实时性要求。从文献来看，关于机器人控制器并行处理技术，人们研究较多的是机器人运动学和动力学的并行算法及其实现。1982 年，J.Y.S.Luh 首次提出机器人动力学并行处理问题，这是因为关节机器人的动力学方程是一组非线性强耦合的二阶微分方程，计算十分复杂。提高机器人动力学算法的计算速度，也为实现复杂的控制算法（如计算力矩法、非线性前馈法、自适应控制法等）打下基础。开发并行算法的途径之一就是改造串行算法，使之并行化，然后将算法映射到并行结构。一般有两种方式：一是考虑给定的并行处理器结构，根据处理器结构所支持的计算模型，开发算法的并行性；二是首先开发算法的并行性，然后设计支持该算法的并行处理器结构，以达到最佳并行效率。

构造并行处理结构的机器人控制器的计算机系统一般采用以下方式：

（1）开发机器人控制专用 VLSI　设计专用 VLSI 能充分利用机器人控制算法的并行性，依靠芯片内的并行体系结构易于解决机器人控制算法中出现的大量计算问题，能大大提高运动学、动力学方程的计算速度。但由于芯片是根据具体的算法来设计的，当算法改变时，芯片则不能使用，因此采用这种方式构造的控制器不通用，更不利于系统的维护与开发。

可利用有并行处理能力的芯片式计算机（如 Transputer、DSP 等）构成并行处理网络。Transputer 是英国 Inmos 公司研制并生产的一种并行处理用的芯片式计算机。利用 Transputer 芯片的 4 对位串通信的 link 对，易于构造不同的拓扑结构，且 Transputer 具有极强的计算能力。利用 Transputer 并行处理器，人们构造了各种机器人并行处理器，如流水线型、树型等。利用 Transputer 网络实现逆运动学计算，并以实时控制为目的，分别实现了前馈补偿及计算力矩两种基于固定模型的控制方案。

随着数字信号芯片速度的不断提高，高速数字信号处理器（DSP）在信息处理的各个方面得到了广泛应用。DSP 以极快的数字运算速度见长，并易于构成并行处理网络。

（2）利用通用的微处理器　利用通用的微处理器构成并行处理结构，可实现复杂控制策略在线实时计算。

3. 机器人控制器存在的问题

现代科学技术的飞速发展和社会的进步对机器人的性能提出更高的要求。智能机器人技术的研究已成为机器人领域的主要发展方向，如各种精密装配机器人，力/位置混合控制机器人，多肢体协调控制系统以及先进制造系统中机器人的研究等。相应地，对机器人控制器的性能也提出了更高的要求。

但是，机器人自诞生以来，特别是工业机器人所采用的控制器基本上都是开发者基于自己的独立结构进行开发的，采用专用计算机、专用机器人语言、专用操作系统、专用微处理器。这样的机器人控制器已不能满足现代工业发展的要求。

从前面提到的两类机器人控制器来看，串行处理结构控制器的结构封闭，功能单一，且计算能力差，难以保证实时控制的要求，所以目前绝大多数商用机器人都是采用单轴 PID 控制，难以满足机器人控制的高速、高精度的要求。虽然分散结构在一定层次上是开放的，可以根据需要增加更多的处理器，以满足传感器处理和通信的需要，但它只是在有限范围内开放。所采用的所谓"专用计算机（如 PUMA 机器人采用 PDP-11 作为上层主控计算机）、专用机器人语言（如 VAL）、专用微处理器并将控制算法固定在 EPROM 中"的结构限制了它的可扩展性和灵活性，可以说它的结构是封闭的。

并行处理结构控制器虽然能从计算速度上有很大突破，保证实时控制的需要，但它还存在许多问题。目前的并行处理控制器研究一般集中于机器人运动学、动力学模型的并行处理方面，基于并行算法和多处理器结构的映射特征来设计，即通过分解给定任务，得到若干子任务，列出数据相关流图，实现各子任务在对应处理器上的并行处理。由于并行算法中通信、同步等内在特点，如程序设计不当，则易出现锁死与通信堵塞等现象。

综合来看，现有机器人控制器存在如下问题：

（1）开放性差　局限于"专用计算机、专用机器人语言、专用微处理器"的封闭式结构。封闭的控制器结构使其具有特定的功能，适应于特定的环境，不便于对系统进行扩展和改进。

（2）软件独立性差　软件结构及其逻辑结构依赖于处理器硬件，难以在不同的系统间移植。

（3）容错性差　由于并行计算中的数据相关性、通信及同步等内在特点，控制器的容错性能变差，其中一个处理器出故障可能导致整个系统瘫痪。

（4）扩展性差　目前，机器人控制器的研究着重于从关节这一级来改善和提高系统的性能。由于结构的封闭性，难以根据需要对系统进行扩展，如增加传感器控制等功能模块。

（5）缺少网络功能　现在几乎所有的机器人控制器都没有网络功能。

总体来看，前面提到的无论是串行结构机器人控制器，还是并行结构的机器人控制器，都不是开放式结构，无论是软件还是硬件，都难以扩充和更改。

例如，商品化的 Motoman 机器人的控制器是不开放的，用户难以根据自己的需要对其进行修改、扩充。通常的做法是对其进行详细解剖分析，然后对其改造。

4. 机器人控制器的展望

随着机器人控制技术的发展，针对结构封闭的机器人控制器的缺陷，开发"具有开放式结构的模块化、标准化机器人控制器"是当前机器人控制器的一个发展方向。近几年，日本、美国和欧洲一些国家都在开发具有开放式结构的机器人控制器，如日本安川公司基于 PC 开发的具有开放式结构、网络功能的机器人控制器。我国 863 计划智能机器人相关的研究也已经获得立项。

开放式结构机器人控制器是指控制器设计的各个层次对用户开放，用户可以方便地扩展和改进其性能。其主要思想如下：

1）利用基于非封闭式计算机平台的开发系统，如 Sun、SGI、PC′s，有效利用标准计算机平台的软、硬件资源为控制器扩展创造条件。

2）利用标准的操作系统（如 Unix、Vxwork）和标准的控制语言（如 C、C++），可以改变各种专用机器人语言并存却互不兼容的局面。

3）采用标准总线结构，使得为扩展控制器性能而必需的硬件（如各种传感器，I/O 板、运动控制板）可以很容易地集成到原系统中。

4）利用网络通信，实现资源共享或远程通信。目前，几乎所有的控制器都没有网络功能，利用网络通信功能可以提高系统变化的柔性。

可以根据上述思想设计具有开放式结构的机器人控制器，而且设计过程中要尽可能做到模块化。模块化是系统设计和构建的一种现代方法，按模块化方法设计，系统由多种功能模块组成，各模块完整而专一。这样建立起来的系统，不仅性能好，开发周期短，而且成本较低。模块化还使系统开放，易于修改、重构和添加配置功能。基于多自主体概念设计的新型控制器就是按模块化方法设计的，系统由数据库模块、通信模块、传感器信息模块、人机接口模块、调度模块、规划模块、伺服控制模块这七个模块构成。

新型的机器人控制器应有以下特色：

（1）开放式系统结构　采用开放式软件、硬件结构，可以根据需要方便地扩充功能，使其适用不同类型机器人或机器人化自动生产线。

（2）合理的模块化设计　对硬件来说，根据系统要求和电气特性，按模块化设计，这不仅方便安装和维护，而且提高了系统的可靠性，系统结构也更为紧凑。

（3）有效的任务划分　不同的子任务由不同的功能模块实现，以利于修改、添加、配置功能。

（4）实时性、多任务要求　机器人控制器必须能在确定的时间内完成对外部中断的处理，并且可以使多个任务同时进行。

（5）网络通信功能　利用网络通信功能可以实现资源共享或多台机器人协同工作。

（6）运动控制板及运动控制器　机器人控制器中，运动控制板是必不可少的。由于机器人性能的不同，对运动控制板的要求也不同。美国 Delta Tau 公司推出的 PMAC（Programmable Multi-axies Controller）是一种功能强大的运动控制器，它全面地开发了 DSP 技术的强大功能，为用户提供了很强的功能和很大的灵活性。借助于 Motorola 公司的 DSP56001 数字信号处理器，PMAC 可以同时操纵 1~8 轴，与其他运动控制板相比，有很多可取之处。

由于适用于机器人控制的软、硬件种类繁多和现代技术的飞速发展，开发一个结构完全开放的标准化机器人控制器存在一定困难，但应用现有技术，如工业 PC 良好的开放性、安全性和联网性，标准的实时多任务操作系统，标准的总线结构，标准接口等，打破现有机器人控制器结构封闭的局面，开发结构开放、功能模块化的标准化机器人控制器是完全可行的。

思考练习题

1. 工业机器人控制系统的基本组成有哪些？各自起什么作用？

2. 机器人控制系统按其控制方式不同可分为哪三类？

3. 什么是机器人控制器？它在工业机器人中起什么作用？

4. 工业机器人控制器的功能主要有哪些？

5. 目前机器人控制器主要存在哪些问题？

6. 新型机器人控制器的主要特色体现在哪些方面？

第7章

CHAPTER 7

工业机器人的
编程与调试

机器人要实现一定的动作和功能，除了依靠机器人的硬件支承外，相当一部分是靠编程来完成的。伴随着机器人的发展，机器人编程技术也得到了不断完善，现已成为机器人技术的一个重要组成部分。

机器人编程使用某种特定语言来描述机器人动作轨迹，它通过对机器人动作的描述，使机器人按照既定运动和作业指令完成编程者想要的各种操作。

工业机器人
编程之一

7.1 工业机器人编程要求与语言类型

7.1.1 工业机器人编程要求

目前工业机器人常用编程方法有示教编程和离线编程两种。一般在调试阶段，可以通过示教器对编译好的程序进行逐步执行、检查、修正，等程序完全调试成功后，即可正式投入使用。不管使用何种语言，机器人编程过程都要求能够通过语言进行程序的编译，能够把机器人的源程序转换成机器码，以便机器人控制系统能直接读取和执行。一般情况下，机器人的编程系统必须做到以下几点。

1. 能够建立世界坐标系

在进行机器人编程时，需要描述物体在三维空间内的运动方式，因此要给机器人及其相关物体建立一个基础坐标系。这个坐标系与大地相连，也称世界坐标系。为了方便机器人工作，也可以建立其他坐标系，但需要同时建立这些坐标系与世界坐标系的变换关系。机器人编程系统应具有在各种坐标系下描述物体位姿的能力和建模能力。

2. 能够描述机器人作业

机器人作业的描述与其环境模型密切相关，编程语言水平决定了描述水平。现有的机器人语言需要给出作业顺序，由语法和词法定义输入语句，并由它描述整个作业过程。例如，装配作业可描述为世界模型的一系列状态，这些状态可由工作空间内所有物体的位姿给定。这些位姿也可以利用物体间的空间关系来说明。

3. 能够描述机器人运动

描述机器人需要进行的运动是机器人编程语言的基本功能之一。用户能够运用语言中的运动语句，与路径规划器连接，允许用户规定路径上的点及目标点，决定是否采用点插补运动或直线运动，用户还可以控制运动速度或运动持续时间。

4. 允许用户规定执行流程

同一般的计算机编程语言一样，机器人编程系统允许用户规定执行流程，包括转移、循环、调用子程序、中断以及程序试运行等。

5. 具有良好的编程环境

同计算机系统一样，一个好的编程环境有助于提高程序员的工作效率。大多数机器人编程语言含有中断功能，以便能够在程序开发和调试过程中每次只执行一条单独语句。好的编程系统应具有下列功能：

（1）在线修改和重启功能 机器人在作业时需要执行复杂的动作和花费较长的执行时间，当任务在某一阶段失败后，从头开始运行程序并不总是可行的，因此需要编程软件或系统必须有在线修改程序和随时重新启动的功能。

（2）传感器输出和程序追踪功能 因为机器人和环境之间的实时相互作用常常不能重复，因此编程系统应能随着程序追踪记录传感器的输入输出值。

（3）仿真功能 可以在没有机器人实体和工作环境的情况下进行不同任务程序的模拟调试。

（4）人机接口和综合传感信号 在编程和作业过程中，编程系统应便于人与机器人之间进行信息交换，方便机器人出现故障时及时处理，确保安全。而且，随着机器人动作和作业环境复杂程度的增加，编程系统需要提供功能强大的人机接口。

7.1.2 工业机器人语言类型

伴随着机器人的发展，机器人语言也得到了不断发展和完善。早期的机器人由于功能单一，动作简单，可采用固定程序或者示教方式来控制机器人的运动。随着机器人作业动作的多样化和作业环境的复杂化，依靠固定的程序或示教方式已经满足不了要求，必须依靠能适应作业和环境随时变化的机器人语言来完成机器人编程工作。

目前，工业机器人按照作业描述水平的高低分为动作级、对象级和任务级三类。

1. 动作级编程语言

动作级编程语言是最低一级的机器人语言。它以机器人的运动描述为主。通常一条指令对应机器人的一个动作，表示从机器人的一个位姿运动到另一个位姿。

动作级编程语言的优点是比较简单，编程容易。其缺点是功能有限，无法进行繁复的数学运算，不能接收复杂的传感器信息，只能接收传感器开关信息；与计算机的通信能力很差。

典型的动作级编程语言是美国 Unimation 公司于 1979 年推出的一种机器人编程语言，主要配置在 PUMA 和 Unimation 等机器人上。例如，"MOVE TO <destination>"命令的含义为机器人从当前位姿运动到目的位姿。

动作级编程语言又可以分为关节级编程和末端执行器级编程两种动作编程。

（1）关节级编程 关节级编程是以机器人的关节为对象，编程时给出机器人一系列各关节位置的时间序列，在关节坐标系中进行的一种编程方法。对于直角坐标机器人和圆柱坐标机器人，由于直角关节和圆柱关节的表示比较简单，这种方法编程较为适用；而对于具有回转关节的关节机器人，由于关节位置的时间序列表示困难，即使一个简单的动作也要经过许多复杂的运算，故这一方法并不适用。

关节级编程可以通过简单的编程指令来实现，也可以通过示教器示教和键入示教实现。

（2）末端执行器级编程 末端执行器级编程在机器人作业空间的直角坐标系中进行。在此直角坐标系中给出机器人末端执行器一系列位姿组成位姿的时间序列，连同其他一些辅助功能（如力觉、触觉、视觉等）的时间序列，同时确定作业量、作业工具等，协调地进行机器人动作的控制。

这种编程方法允许有简单的条件分支，有感知功能，可以选择和设定工具，有时还有并行功能，数据实时处理能力强。

2. 对象级编程语言

对象级编程语言是描述操作对象即作业物体本身动作的语言。它不需要描述机器人手爪的运动，只要由编程人员用程序的形式给出作业本身顺序过程的描述和环境模型的描述，即描述操作物与操作物之间的关系，通过编译程序机器人即能知道如何动作。

对象级编程语言典型的例子有 IBM 公司的 AML、AUTOPASS 等语言。对象级编程语言是比动作级编程语言高一级的编程语言，除具有动作级编程语言的全部动作功能外，还具有以下特点：

（1）较强感知能力 除能处理复杂的传感器信息外，还可以利用传感器信息来修改、更新环境的描述和模型，也可以利用传感器信息进行控制、测试和监督。

（2）良好的开放性 对象级编程语言系统为用户提供了开发平台，用户可以根据需要增加指令，扩展语言功能。

（3）较强的数字计算和数据处理能力 对象级编程语言可以处理浮点数，能与计算机进行即时通信。

3. 任务级编程语言

任务级编程语言是比前两类更高级的一种语言，也是最理想的机器人高级语言。这类语言不需要用机器人的动作来描述作业任务，也不需要描述机器人对象物的中间状态过程，只需要按照某种规则描述机器人对象物的初始状态和最终目标状态，机器人语言系统即可利用已有的环境信息和知识库、数据库自动进行推理、计算，从而自动生成机器人详细的动作、顺序和数据。例如，一台生产线上的装配机器人欲完成轴和轴承的装配，轴承的初始位置和装配后的目标位置已知。当发出抓取轴承的命令时，机器人在初始位置处选择恰当的姿态抓取轴承，语言系统在初始位置和目标位置之间寻找路径，在复杂的作业环境中找出一条不会与周围障碍物产生碰撞的合适路径，沿此路径运动到目标位置。在此过程中，作业中间状态作业方案的设计、工序的选择、动作的前后安排等一系列问题都由计算机自动完成。

任务级编程语言的结构十分复杂，需要人工智能的理论基础和大型知识库、数据库的支持，目前还不是十分完善，是一种理想状态下的语言，有待于进一步研究。但可以相信，随着人工智能技术及数据库技术的不断发展，任务级编程语言必将取代其他语言而成为机器人语言的主流，使得机器人的编程应用变得十分简单。

7.2 工业机器人语言系统结构和基本功能

7.2.1 工业机器人语言系统结构

机器人语言是人与机器人之间的一种记录信息或交换信息的程序语言，它提供了一种方式来解决人-机通信问题，是一种专用语言。它不仅包含语言，实际上还同时包含语言的处理过程。它支持机器人编程，控制外围设备、传感器和人机接口，同时还支持与计算机系统的通信。机器人语言系统结构如图7-1所示。

由图7-1可知，机器人语言系统包括三个基本操作状态：监控状态、编辑状态和执行状态。

1. 监控状态

监控状态用于整个系统的监督控制，操作者可以用示教器定义机器人在空间中的位置，设置机器人的运动速度，存储和调用程序等。

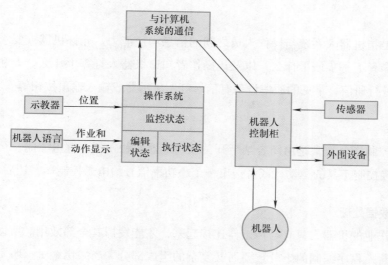

图7-1　机器人语言系统

2. 编辑状态

编辑状态用于操作者编制或编辑程序。一般包括写入指令、修改或删去指令以及插入指令等。

3. 执行状态

执行状态用来执行机器人程序。在执行状态下，机器人执行程序的每一条指令都是经过调试的，不允许执行有错误的程序。

机器人作业时通过语言系统的编译过程，将机器人源程序转换成机器码，方便机器人系统读取和执行。

7.2.2　工业机器人语言基本功能

机器人语言的基本功能包括运算、决策、通信、工具指令以及传感器数据处理等。机器人语言体现出来的基本功能都是通过机器人系统软件实现的。

1. 运算

机器语言的运算功能指的是对机器人位姿的解析几何计算。通过对机械手位姿的求解、坐标运算、位置表示以及向量运算等来控制机器人的动作路径，实现操作者想要实现的动作。

2. 决策

决策是指机器人不进行任何运算，依靠传感器的输入信息能够直接执行机器人下一步任务的能力。这种决策能力使机器人控制系统的功能更强有力，一条简单的条件转移指令（例如检验零值）就足以执行任何决策算法。

3. 通信

通信能力是指机器人系统与操作人员之间的信息沟通能力。允许机器人要求操作人员提供信息，告诉操作者下一步该干什么，以及让操作者知道机器人打算干什么。人和机器能够通过许多不同方式进行通信。常见的通信设备有信号灯、显示器或输入输出按钮等。

4. 工具指令

一个工具控制指令通常是由闭合某个开关或继电器而触发的。继电器闭合可以把电源接通或断开，以直接控制工具的运动，或者送出一个小功率信号给电子控制器，让后者控制工具。

5. 传感器数据处理

用于现场作业的机器人只有与传感器连接起来，才能发挥其全部效用。所以，传感器数据处理是许多机器人程序编制的十分重要而又复杂的组成部分。当采用触觉、听觉或视觉传感器时，更是如此。

7.3 常用的工业机器人编程语言

工业机器人
编程之二

自发明机器人以来，用以记录人与机器人之间信息交换的专用语言也在不断地更新和发展。世界上第一种机器人语言是美国斯坦福大学于 1973 年研制的 WAVE 语言。WAVE 语言是一种机器人动作级语言，它主要用于机器人的动作描述，辅助视觉传感器进行机器人的手、眼协调控制。此后，随着世界各国对机器人研究的不断深入，不同种类的机器人语言也不断出现。到目前为止，国内外主要的机器人语言大概有 24 种，见表 7-1。

表 7-1 国内外主要机器人编程语言

序号	语言名称	国家	研究单位	简要说明
1	AL	美国	Stanford Artificial Intelligence Laboratory	机器人动作及对象物描述，是目前机器人语言研究的基础
2	Autopass	美国	IBM	组装机器人用语言
3	LAMA–S	美国	MIT	高级机器人语言
4	VAL	美国	Unimation 公司	用于 PUMA 机器人（采用 MC6800 和 DECLSI–11 高级微型机）
5	RLAL	美国	Automatic 公司	用视觉传感器检查零件时用的机器人语言
6	WAVE	美国	Stanford Artificial Intelligence Laboratory	操作器控制符号语言
7	DIAL	美国	Charles Stark Draper Laboratory	具有 RCC 顺应性手腕控制的特殊指令

（续）

序号	语言名称	国家	研究单位	简要说明
8	RPL	美国	Stanford Research Institute International	可与 Unimation 机器人操作程序结合，预先定义子程序库
9	REACH	美国	Bendix Corporation	适于两臂协调动作，和 VAL 一样是使用范围较广的语言
10	MCL	美国	McDonnell Douglas Corporation	编程机器人、机床传感器、摄像机及其控制的计算机综合制造用语言
11	INDA	美国	SRI International and Philips	相当于 RTL/2 编程语言的子集，具有使用方便的处理系统
12	RAPT	美国	University of Edinburgh	类似 NC 语言 APT（用 DEC20、LSI11/2 微型机）
13	LM	美国	Artificial Intell Intelligence Group of IMAG	类似 PASCAL，数据类似 AL。用于装配机器人（用 LS11/3 微型机）
14	ROBEX	美国	Machine Tool Laboratory TH Archen	具有与高级 NC 语言 EXAPT 相似结构的脱机编程语言
15	SIGLA	美国	Olivetti 公司	SIGMA 机器人语言
16	MAL	美国	Milan Polytechnic	两臂机器人装配语言，其特征是方便、易于编程
17	SERF	美国	三协精机	用于 SKILAM 装配机器人（用 Z-80 微型机）
18	PLAW	美国	小松制作所	用于 RW 系列弧焊机器人
19	IML	美国	九州大学	动作级机器人语言
20	KAREL Robot Studio	日本	FANUC	发那科研发的用于点焊、涂胶、搬运等工业用途的编程语言
21	RAPID	瑞典	ABB	ABB 公司用于 ICR5 控制器示教器的编程语言
22	Robotics Studio	美国	Microsoft	微软公司开发的多语言、可视化编程与仿真语言
23	INFORM	日本	YASKAWA	日本安川开发的机器人编程语言
24	KUKA	德国	KRL KUKA Robot Language	德国库卡公司独立设计的高级编程语言

在这些机器人语言中，比较出名的有美国 Stanford Artificial Intelligence Laboratory 开发的 AL 语言，Unimation 公司开发的 VAL 语言，以及 ABB 公司开发的 RAPID 语言等。

7.3.1　AL 语言

1. AL 语言概述

AL 语言是 1974 年由美国斯坦福大学基于 WAVE 语言基础开发的功能比较完善的动作级机器人语言，它兼有对象级语言的某些特征，适于装配作业的描述。AL 语言原设计用于具有传感器反馈的多台机器人并行或协同控制的编程。它具有 PASCAL 语言的特点，可以编译成机器语言在实时控制机上执行，支持实时编程语言的同步操作、条件操作和现场建模。

2. AL 语言格式

1）程序从 BEGIN 开始，由 END 结束。

2）语句与语句之间用";"隔开。

3）变量先定义类型，后使用。通常变量名以英文字母开头，由字母、数字和下划线组成字符串，字母不分大、小写。

例如，定义机器人三种不同坐标系的指令如下：

FRAME BASE, BEAM, FEEDER ；   { 三种不同坐标系的变量定义 }

4）程序的注释用大括号括起来（见上例）。

5）变量赋值语句中，若所赋的内容为表达式，则先计算表达式的值，再把该值赋给等式左边的变量。

3. AL 语言中的数据类型

（1）标量 (SCALAR)　标量是 AL 语言中最基本的数据类型，它可以是时间、距离、角度及力等机器人能够感知或捕捉的数据，它可以进行加、减、乘、除和指数等运算，也可以进行三角函数、自然对数和指数换算。

如 SCALAR PI;   {PI=3.14159}

PI 为 AL 语言中预先定义的标量。

（2）向量 (VECTOR)　向量与数学中的向量类似，也具有相同的运算法则，可以由三个标量来构造。

如 VECTOR (1，0，0);

（3）旋转（ROT）　ROT 用来描述一个轴的旋转或绕某个轴的旋转姿态。用 ROT 变量表示旋转变量时带有两个参数，一个代表旋转轴的简单向量，另一个表示旋转角度。

（4）坐标系（FRAME）　FRAME 用来建立坐标系，变量的值表示物体固连坐标系与空间作业的参考坐标系之间的相对位置与姿态。

（5）变换 (TRANS)　TRANS 用来进行坐标之间的变换，具有旋转和向量两个参数，执行时先旋转再平移。

4. AL 语言常用指令介绍

（1）MOVE 指令　MOVE 指令用来描述机器人的手爪从一个位置运动到另一个位置。MOVE 指令的格式为

MOVE <HAND> TO < 目的地 > ;

（2）手爪控制指令

OPEN：手爪打开指令。

CLOSE：手爪闭合指令。

语句的格式为

OPEN <HAND> TO <SVAL>；

CLOSE <HAND> TO <SVAL>；

其中，SVAL为开度距离值，在程序中已预先指定。

（3）控制指令　常用的控制指令如下：

IF＜条件＞THEN＜语句＞ELSE＜语句＞；

WHILE＜条件＞DO＜语句＞；

CASE＜语句＞；

DO＜语句＞UNTIL＜条件＞；

FOR…STEP…UNTIL…；

（4）AFFIX和UNFIX指令　机器人在装配作业时，经常需要将一个物体粘到另一个物体上或将一个物体从另一个物体上剥离。AFFIX指令为两物体粘贴的操作，UNFIX指令为两物体分离的操作。例如：

　　AFFIX BEAM_BORE TO BEAM ｛BEAM_BORE和BEAM两种不同坐标系粘贴在一起｝
即一个坐标系的运动也将引起另一个坐标系的同样运动。然后执行下面的语句：

　UNFIX BEAM_BORE FROM BEAM ｛BEAM_BORE和BEAM两坐标系的附着关系被解除｝

（5）力觉的处理　在MOVE语句中使用条件监控子语句可实现用传感器信息来完成一定的动作。

监控子语句格式为：

ON＜条件＞DO＜动作＞；

例如：MOVE BARM TO ⊙ −0.1*INCHES ON FORCE(Z)>10*OUNCES DO STOP；
表示在当前位置沿Z轴向下移动0.1in（英寸），如果感觉Z轴方向的力超过10oz（盎司），则立即命令机械手停止运动。

5. AL语言编程示例
如图7-2所示，要求用AL语言编制机器人将料槽坐标位置螺栓插入立柱孔的作业程序。

具体动作分解如下：

1）机器人末端执行器移至料斗上方 *A* 点。

2）抓取螺栓。

3）经过 *B* 点、*C* 点再把它移至立柱孔上方 *D* 点。

4）完成螺栓插入立柱孔的动作。

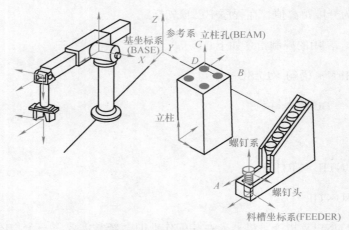

图7-2　机器人装配作业

编程步骤如下：

1）定义机座、导板、料斗、导板孔及螺栓柄等的位置和姿态。

2）把装配作业划分为一系列动作，如移动机器人、抓取物体和完成插入等。

3）加入传感器，监视装配作业的过程。

4）重复步骤1）~ 3），调试改进程序。

按照上面的步骤，编制的程序如下：

```
BEGIN insertion ;                                           {设置变量}

bolt-diameter<-0.5*inches;

bolt-heiSht<-1* inches;

Tries<-0;

Grasped<-false;                                             {定义世界坐标系}

Beam<-FRAME(ROT(2,90*deg),VECTOR(20,15,0)*inches);

Feeder<-FRAME(nilrot, VECTOR（25,20,0）* inches);          {定义特征坐标系}
```

```
bolt-grasp<–feeder*TRANS(nilrot[,nilvect]);

bolt-tip<–bolt-grasp*TRANS(nilrot,VECTOR(0,0,0.5)*inches);

beam-bore<–beam*TRANS(nilrot, VECTOR(0,0,1) * inches);        { 定义经过的点坐标系 }

A<–feeder*TRANS(nilrot,VECTOR(0,0,0.5)*inches);

B<–feeder*TRANS(nilrot,VECTOR(0,0,8)*inches);

C<–beam-bore*TRANS(nilrot,VECTOR(0,0,5)*inches);

D<–beam-bore*TRANS(nilrot,bolt-height*Z);                     { 张开手爪 }

OPEN bhand TO bolt-diameter+1* inches;                { 使手爪准确定位于螺栓上方 }

MOVE barm TO bolt-grasp VIA A;

WITH APPROACH =–Z WRT feeder;                              { 试着抓取螺栓 }

DO ;

CLOSE bhand TO 0.9 bolt-diameter;

IF bhand< bolt-diameter THEN BEGIN ;              { 抓取螺栓失败，再试一次 }

OPEN bhand TO bolt-diameter+1* inches;

MOVE barm TO • –1*Z* inches;

EDN ELSE grasped<–TRUE;

Tdes<–tries+1;

UNTIL grasped OP(tries>3);        { 如果尝试三次未能抓取螺栓，则取消这一动作 }

IF NOT grasped THEN ABORT;                              { 抓取螺栓失败 }

                                                      { 将手臂移动到 B 位置 }

MOVE barm TO B;

VIA A;

WITH DEPARTURE=Z WRT deeder;

MOVE barm TO D VIA C;                            { 将手臂移动到 D 位置 }

WITH APPROACH =Z WRT beam-bore;                      { 检验是否有孔 }

MOVE barm TO • –0.1*Z* inches ON FORCE(Z)>10*ounce ;
```

```
DO ABORT;                                              {无孔}

MOVE barm TO beam-bore DIRECTLY;              {进行柔顺性插入}

WITH FORCE(z)=–10*ounce;

WITH FORCE(x)=–0*ounce;

WITH FORCE(y)=–0*ounce;

WITH DURATION=5*seconds;

END insertion ;
```

7.3.2　VAL 语言

VAL 语言是美国 Unimation 公司于 1979 年推出的一种机器人编程语言，主要配置在 PUMA 和 Unimation 等机器人上，它是一种面向动作级的编程语言。VAL 语言结构与 BASIC 语言结构很类似，是基于 BASIC 语言发展起来的一种机器人语言。

VAL 语言一般用于上下两级计算机控制的机器人系统，上位机为 LSI 11/23，下位机为 6503 微处理器。上位机主要进行系统的编程和管理，下位机控制各关节的实时运动。

VAL 语言具有命令简单清晰、机器人动作及与上位机的通信方便、实时交互功能强等特点。可以在离线和在线两种不同状态下编程，能够迅速计算不同坐标系下机器人复杂运动轨迹，生成机器人的连续控制信号，可以与操作者实时在线修改程序和生成程序。VAL 语言适用于多种计算机控制的机器人。

VAL 语言系统包括监控指令和程序指令两个部分。

1. 监控指令（六种）

监控指令包括位置定义、程序和数据列表、程序和数据存储、系统状态设置和控制、系统开关控制、系统诊断和修改等。

常见的监控指令如下：

1）POINT：定义执行终端位置或以关节位置表示的精确点位赋值（位置定义指令）。

2）DPOINT：删除包括精确点、变量在内的任意数量的当前位置（位置定义指令）。

3）EDIT：允许用户建立或修改一个指定名字的程序，是用户编辑程序的起始指令（程序指令）。

4）DIRECTORY：显示存储器中的全部用户程序名（数据列表指令）。

5）LOADL：将文件中指定的位置变量送入系统内存（数据存储指令）。

6）DO：执行单步指令（控制程序指令）。

7）ABORT：紧急停止指令（控制程序指令）。

8）CALIB：校准关节位置传感器（系统状态控制指令）。

2. 程序指令（六种）

程序指令主要包括控制机器人关节或末端执行器运动、位姿等状态的指令，常见的指令如下：

1）运动指令：GO、MOVE、MOVEI、MOVES、DRAW、APPRO、APPROS、DEPART、DRIVE、READY、OPEN、OPENI、CLOSE、CLOSEI、RELAX、GRASP 及 DELAY 等。

2）机器人位姿控制指令：RIGHTY、LEFTY、ABOVE、BELOW、FLIP 及 NOFLIP 等。

3）赋值指令：SETI、TYPEI、HERE、SET、SHIFT、TOOL、INVERSE 及 FRAME 等。

4）控制指令：GOTO、GOSUB、RETURN、IF、IFSIG、REACT、REACTI、IGNORE、SIGNAL、WAIT、PAUSE 及 STOP 等。

5）开关量赋值指令：SPEED、COARSE、FINE、NONULL、NULL、INTOFF 及 INTON 等。

6）其他指令：REMARK 及 TYPE 等。

3. VAL语言编程示例

例 7-1　建立一个名为 DEMO 的 VAL 程序：要求将物体从位置 1（PICK 位置）搬运至位置 2（PLACE 位置）。

程序如下：

EDIT　DEMO	启动编辑状态
PROGRAM DEMO	VAL 响应
1. OPEN	下一步手张开
2. APPRO PICK 50	运动至距 PICK 位置 50mm 处
3. SPEED 30	下一步降至满速的 30%
4. MOVE PICK	运动至 PICK 位置
5. CLOSEI	闭合手
6. DEPART 70	沿手向量方向后退 70mm
7. APPROS PLACE 75	沿直线运动至距离 PLACE 位置 75mm 处

8. SPEED 20	下一步降至满速的 20%
9. MOVES PLACE	沿直线运动至 PLACE 位置上
10. OPENI	在下一步之前手张开
11. DEPART 50	自 PLACE 位置后退 50mm
12. E	退出编辑状态，返回监控状态

7.3.3 IML (Interactive Manipulator Language)语言

IML (Interactive Manipulator Language) 语言是日本九州大学开发的一种对话性好、简单易学、面向应用的机器人语言。它和 VAL 等语言一样，是一种着眼于末端执行器动作进行编程的动作级编程语言。

用户可以使用 IML 语言给出机器人的工作点、操作路线，或给出目标物体的位置、姿态，直接操纵机器人。除此之外，IML 语言还有如下特征：

1）描述往返操作可以不用循环语句。

2）可以直接在工作坐标系内使用。

3）能把要示教的轨迹（末端执行器位姿矢量的变化）定义成指令，加入到语言中；所示教的数据还可以用力控制方式再现出来。

7.3.4 PAPID语言

PAPID 语言是 ABB 公司针对机器人进行逻辑、运动以及 I/O 控制开发的机器人编程语言。RAPID 语言类似于高级编程语言，与 VB 和 C 语言结构相近。PAPID 语言所包含的指令包含机器人运动的控制，系统设置的输入、输出，还能实现决策、重复、构造程序以及与系统操作员交流等功能。PAPID 程序的基本构架见表 7-2。

表 7-2 PAPID 程序的基本构架

系统模块	程序模块 1	程序模块 2	……	程序模块 N
程序数据 主程序 main 例行程序 中断程序 功能	程序数据 例行程序 中断程序 功能	程序数据 例行程序 中断程序 功能	……	程序数据 例行程序 中断程序 功能

由表 7-2 可知，PAPID 应用程序是由系统模块和程序模块构成的。系统模块包含主程序，一般用于系统方面的控制，而程序模块可由操作者来构建完成机器人的动作控制。所有的 ABB 机器人都自带两个系统模块：USER 模块和 BASE 模块。使用时，系统自动生成的任何模块都不能进行修改。每一个程序模块包含程序数据、编程指令、中断程序和功能四种对象。

1. 程序数据

程序数据是在程序模块中设定的一些环境数据，创建的程序数据由同一个模块或其他模块的指令进行引用。ABB 机器人常见的数据类型见表 7-3。

表 7-3 ABB 机器人常见的数据类型

程序数据	说明
Bool	布尔量
Byte	整数数据
Clock	计时数据
Num	数值数据
Pos	位置数据
Robtarget	机器人与外轴的位置数据
String	字符串
Tooldata	工具数据
Wobdata	工件数据
Zonedata	TCP 转弯半径数据

ABB 机器人程序数据的存储类型有变量 VAR、可变量 PERS、常量 CONST。

（1）变量 VAR　变量型数据在程序执行的过程中和停止时，会保持当前的值。但如果程序指针被移到主程序后，数值会丢失。

举例说明：

VAR　Num length:=0;　　　　　　　　　　　　　　　名称为 length 的数字数据

VAR　String name:=" John"；　　　　　　　　　　　名称为 name 的字符数据

VAR　Bool finished:=FALSE;　　　　　　　　　　　名称为 finished 的布尔量数据

（2）可变量 PERS　可变量最大的特点是，无论程序的指针如何，都会保持最后赋予的值，直到对其进行重新赋值。

举例说明：

PRES　String text:=" Hello"；　　　　　　　　　　　名称为 text 的字符数据

PRES　Num nbr :=1;　　　　　　　　　　　　　　　名称为 nbr 的数字数据

（3）常量 CONST　常量的特点是在定义时已赋予了数值，并不能在程序中进行修改，除非手动修改。

举例说明：

CONST　Num givgg:=1;　　　　　　　　　　　　　　名称为 givgg 的数字数据

CONST Sting greating:="Hello"; 名称为 greating 的字符数据

2.编程指令

（1）基本运动指令　基本运动指令包括 MoveL，MoveC，MoveJ 及 MoveAbsJ。

1）MoveL：线性运动指令。机器人的工具中心点（TCP）从起点到终点之间的路径始终保持为直线，如图 7-3 所示。

举例：MoveL p1，v100，z10，tool1；

p1：目标位置；

v100：机器人运行速度；

z10：转弯半径；

tool1：工具坐标。

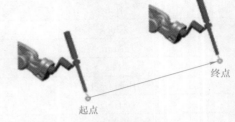

图7-3　线性运动指令

2）MoveC：圆弧运动指令。机器人沿着可到达的空间范围内的三个点运动，第一个点为圆弧的起点，第二点为圆弧的中间点，第三个点是圆弧的终点，如图 7-4 所示。

举例：MoveC p1，p2，v100，z1，tool1；

3）MoveJ：关节运动指令。在路径精度要求不高的情况下，机器人的工具中心点从一个位置移动到另一个位置，两个位置之间的路径不一定是直线，如图 7-5 所示。

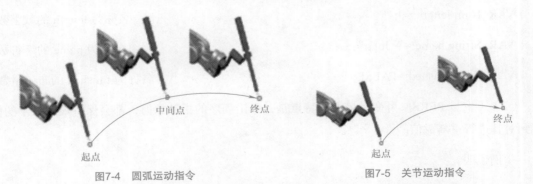

图7-4　圆弧运动指令　　　　　　　　　图7-5　关节运动指令

4）MoveAbsJ：绝对位置运动指令。机器人使用六个轴和外部轴的角度来定义目标位置数据。

（2）I/O 控制指令　Do 指机器人输出信号，Di 指机器人输入信号。Set 用于数字输出设置，"1" 为接通，"0" 为断开。Reset 是复位输出指令。

（3）程序流程指令　IF 是判断执行指令，WHILE 是循环执行指令。

（4）停止指令　STOP 是软停止指令，机器人停止运行，直接运行下一句。EXIT 是硬停止指令，机器人停止运行，复位。

（5）赋值指令

Date：=Value；

（6）等待指令

WaitTime Time；

7.4 机器人的示教编程与离线编程

目前，工业机器人常用的编程方式有示教编程和离线编程两种。

7.4.1 示教编程

1. 示教编程的概念和特点

示教编程一般用于示教 - 再现型机器人中。目前，大部分工业机器人的编程方式都是采用示教编程。示教编程分为如下三个步骤：

1）示教：就是操作者根据机器人作业任务把机器人末端执行器送到目标位置。

2）存储：示教的过程中，机器人控制系统将这一运动过程和各关节位姿参数存储到机器人的内部存储器中。

3）再现：当需要机器人工作时，机器人控制系统调用存储器中的对应数据，驱动关节运动，再现操作者的手动操作过程，从而完成机器人作业的不断重复和再现。

示教编程的优点是：不需要操作者具备复杂的专业知识，也无需复杂的设备，操作简单，易于掌握。目前常用于一些任务简单、轨迹重复、定位精度要求不高的场合，如焊接、码垛、喷涂以及搬运作业。

示教编程的缺点是：很难示教一些复杂的运动轨迹，重复性差，无法与其他机器人配合操作。

2. 示教编程示例

例 7-2 使用图 7-6 所示的 MOTOMAN UP6 型工业机器人，完成图 7-7 所示工件的焊接，焊点顺序为 1 → 2 → 3 → 4 → 5 → 6。

首先接通主电源，将控制柜开关旋钮打到"ON"，进行系统初始化诊断。诊断完成后，手持示教器，接通伺服电源。

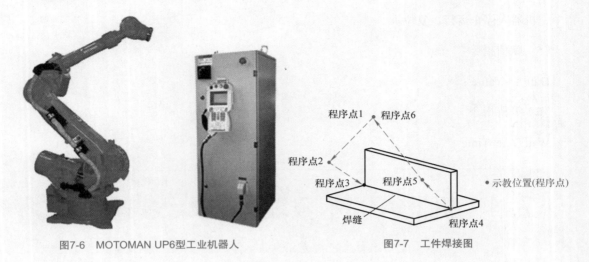

图7-6 MOTOMAN UP6型工业机器人   图7-7 工件焊接图

（1）新建示教程序

1）确认示教器上的模式旋钮对准"TEACH"，设定为示教模式。

2）按"伺服准备"键。

3）在主菜单中选择"程序"，然后在子菜单中选择"新建程序"。

4）显示新建程序界面后，按"选择"键。

5）显示字符输入界面后，输入程序名"TEST"，按回车键进行登录。

6）光标移动到"执行"上，按"选择"键，程序"TEST"被登录，界面上显示该程序，"NOP"和"END"命令自动生成。

（2）示教　手握示教器，接通伺服电源，机器人进入可动作状态。

程序点1的示教如图7-8所示。操作步骤如下：

1）用轴操作键把机器人移到适合作业准备的位置。

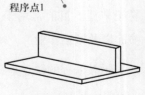

2）按"插补方式"键，把插补方式定为关节插补，在输入缓冲显示行中以MOVJ表示关节插补命令。

= > MOVJ VJ=0.78

图7-8 程序点1的示教

3）光标停在行号0000处，按"选择"键。

4）光标停在显示速度"VJ=**.**"上，按"转换"键的同时按光标键，设定再现速度，如设为50%。

= > MOVJ VJ=50.00

5）按回车键，输入程序点 1（行 0001）。

0000 NOP

0001 MOVJ VJ=50.00

0002 END

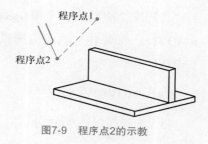

图7-9　程序点2的示教

程序点 2 的示教如图 7-9 所示。操作步骤如下：

1）用轴操作键设定机器人为可作业姿态。

2）用轴操作键移动机器人到适当位置。

3）按回车键输入程序点 2（行 0002）。

0000 NOP

0001 MOVJ VJ=50.00

0002 MOVJ VJ=50.00

0003 END

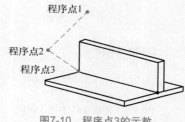

图7-10　程序点3的示教

程序点 3 的示教如图 7-10 所示。操作步骤如下：

1）按手动速度"高"或"低"键选择示教速度。

2）保持程序点 2 的姿态不变，按坐标键设定机器人坐标系为直角坐标系，用轴操作键把机器人移到作业开始位置。

3）光标在 0002 行上按"选择"键。

4）光标位于显示速度"VJ=50.00"上，按"转换"键的同时按光标键，设定再现速度，例如设为 12.50%。

= > MOVJ VJ=12.50

5）按回车键输入程序点 3。

0000 NOP

0001 MOVJ VJ=50.00

0002 MOVJ VJ=50.00

0003 MOVJ VJ=12.50

0004 END

程序点 4 的示教如图 7-11 所示。操作步骤如下：

1）用轴操作键把机器人移到作业结束位置。

2）按"插补方式"键，设定插补方式为直线插补（MOVL）。如果作业轨迹为圆弧，则插补方式为圆弧插补（MOVC）。

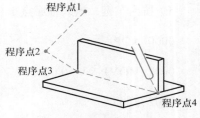

图7-11　程序点4的示教

= > MOVL V=66

3）光标在行号0003处，按"选择"键。

4）光标位于显示速度"V=66"上，按"转换"键的同时按光标键，设定再现速度，例如把速度设为138 cm/min。

= > MOVL V=138

5）按回车键输入程序点4。

0000 NOP

0001 MOVJ VJ=50.00

0002 MOVJ VJ=50.00

0003 MOVJ VJ=12.50

0004 MOVL V=138.00

0005 END

程序点5不碰触工件、夹具的位置如图7-7所示。操作步骤如下：

1）按手动速度"高"键，设定为高速。

2）用轴操作键把机器人移动到不碰触夹具的位置。

3）按"插补方式"键，设定插补方式为关节插补（MOVJ）。

= > MOVJ VJ=12.50

4）光标在行号0004上，按"选择"键。

5）把光标移到右边的速度VJ=12.50上，按"转换"键的同时按光标键上下，直到出现希望的速度。把再现速度设定为50%。

MOVJ VJ=50.00

6）按回车键，输入程序点5。

0000 NOP

0001 MOVJ VJ=50.00

0002 MOVJ VJ=50.00

0003 MOVJ VJ=12.50

0004 MOVL V=138.00

0005 MOVJ VJ=50.00

0006 END

程序点 6 为开始位置如图 7-7 所示。

1）用轴操作键把机器人移到作业开始位置附近。

2）按回车键，输入程序点 6。

0000 NOP

0001 MOVJ VJ=50.00

0002 MOVJ VJ=50.00

0003 MOVJ VJ=12.50

0004 MOVL V=138.00

0005 MOVJ VJ=50.00

0006 MOVJ VJ=50.00

0007 END

将最初的程序点和最后的程序点重合，如图 7-12 所示。

1）把光标移到程序点 1 所在行。

0000 NOP

0001 MOVJ VJ=50.00

0002 MOVJ VJ=50.00

0003 MOVJ VJ=12.50

0004 MOVL V=138.00

0005 MOVJ VJ=50.00

0006 MOVJ VJ=50.00

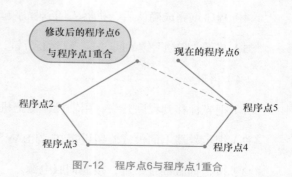

图7-12 程序点6与程序点1重合

0007 END

2）按"前进"键，将机器人移动到程序点1。

3）把光标移动到程序点6所在行。

0000 NOP

0001 MOVJ VJ=50.00

0002 MOVJ VJ=50.00

0003 MOVJ VJ=12.50

0004 MOVL V=138.00

0005 MOVJ VJ=50.00

0006 MOVJ VJ=50.00

0007 END

4）按"修改"键。

5）按回车键，程序点6的位置被修改到与程序点1相同的位置。

（3）示教轨迹确认

1）把光标移到程序点1所在行。

2）手动速度设为中速。

3）按"前进"键，利用机器人的动作确认每一个程序点。每按一次"前进"键，机器人移动一个程序点。

4）程序点完成确认后，机器人回到程序起始处。

5）按下"联锁"键的同时按"试运行"键，机器人连续再现所有程序点，一个循环后停止。

（4）再现

1）把光标移到程序开头，用轴操作键把机器人移到程序点1。

2）把示教器上的模式旋钮设定在"PLAY"上，设置再现模式。

3）按"伺服准备"键，接通伺服电源。

4）按"启动"键，机器人把示教过的程序运行一个循环后停止。

示教再现命令见表7-4。

表7-4 示教再现命令

行号	命 令	内容说明	
0000	NOP	程序开始	
0001	MOVJ VJ=25.00	移动到待机位置	程序点1
0002	MOVJ VJ=25.00	移到焊接开始位置附近	程序点2
0003	MOVJ VJ=12.5	移到焊接开始位置	程序点3
0004	ARCON	焊接开始	
0005	MOVL V=50	移到焊接结束位置	程序点4
0006	ARCOF	焊接结束	
0007	MOVJ VJ=25.00	移到不碰触工件和夹具的位置 程序点5	
0008	MOVJ VJ=25.00	移动到待机位置	程序点6
0009	END	程序结束	

（5）示教编程修改

1）在程序点5插入程序点。

① 按"前进"键，把机器人移到程序点5。

② 用轴操作键把机器人移至欲插入的位置。

③ 按"插入"键。

④ 按回车键，完成程序点的插入。所插入的程序点之后的各程序点序号自动加1。

2）删除程序点。

① 按"前进"键，把机器人移到要删除的程序点。

② 确认光标位于要删除的程序点处，按下"删除"键。

③ 按回车键，程序点被删除。

3）修改程序点的位置数据。

① 连续按"前进"键，把光标移至待修改的程序点处。

② 用轴操作键把机器人移至修改后的位置。

③ 按"修改"键。

④ 按回车键，程序点的位置数据被修改。

4）修改程序点之间的速度。例如，把从程序点3到程序点4的速度放慢。

① 把光标移到程序点4处。

② 将光标移动到命令区，按"选择"键。

③ 把光标移到右边的速度"V=138"上,按"转换"键的同时按光标键上下,直到出现希望的速度。把再现速度设定为 66cm/min。

④ 按回车键,速度修改完成。

7.4.2　离线编程

1. 离线编程的特点

机器人离线编程是在线示教编程的扩展。机器人离线编程利用计算机图形学的成果,在专门的软件环境下,建立机器人工作环境的几何模型,再利用一些规划算法,通过对图形的控制和操作,在离线情况下进行机器人的轨迹规划编程。

示教编程与离线编程的特点比较见表 7-5。

表 7-5　示教编程与离线编程的特点比较

示教编程	离线编程
需要实际机器人系统和工作环境	需要机器人系统和工作环境的图形模型
编程时机器人停止工作	编程时不影响机器人工作
在实际系统上试验程序	通过仿真试验程序
编程的质量取决于编程者的经验	可用 CAD 方法进行最佳轨迹规划
难以实现复杂的机器人运行轨迹	可实现复杂运行轨迹的编程

从表 7-5 可以看出,离线编程具有如下优点:

1)可以减少机器人非工作时间。当对机器人进行下一个任务编程时,实体机器人仍可在生产线上工作,离线编程不占用机器人的工作时间。

2)使编程者远离危险的编程环境。

3)使用范围广。离线编程系统可对机器人的各种工作对象进行编程。

4)便于 CAD/CAM/Robotics 一体化。

5)便于修改机器人程序。

2.离线编程系统的主要内容

离线编程不仅是机器人实际应用的手段,也是开发和研究机器人任务规划的有力手段。通过离线编程可以建立机器人与 CAD/CAM 之间的联系。

一般情况下,一个实用的离线编程系统应该考虑以下内容:

1)编程系统符合机器人的生产系统工作过程。

2)机器人和工作环境模型与实际吻合。

3)模拟机器人运动过程要与几何学、运动学及动力学知识相符。

4）离线编程系统是可视化的。

5）能够进行机器人动态模拟仿真，且具有判断出错的能力。

6）留有传感器接口和仿真功能。

7）具有与机器人控制柜通信的功能。

8）能够提供良好的人机界面，用户可以操作和干预。

3.离线编程系统的软件架构

典型的机器人离线编程系统的软件架构主要由建模模块、布局模块、编程模块、仿真模块、程序生成及通信模块组成，如图 7-13 所示。

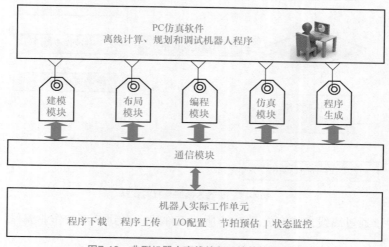

图7-13　典型机器人离线编程系统的软件架构

（1）建模模块　建模模块是离线编程系统的基础，为机器人和工件的编程与仿真提供可视的三维几何造型。

（2）布局模块　按机器人实际工作单元的安装格局，在仿真环境下进行整个机器人系统模型的空间布局。

（3）编程模块　包括运动学计算、轨迹规划等，前者是控制机器人运动的依据，后者用来生成机器人关节空间或直角空间里的轨迹。

（4）仿真模块　用来检验编制的机器人程序是否正确、可靠，一般具有碰撞检查功能。

（5）程序生成　把仿真系统所生成的运动程序转换成被加载机器人控制器可以接收的代码指令，以命令真实机器人工作。

（6）通信模块　离线编程系统的重要组成部分之一为用户接口和通信接口，前者设计成交互式，可利用鼠标操作机器人的运动，后者负责连接离线编程系统与机器人控制器。

4. 离线编程步骤及示例

机器人离线编程的步骤如图 7-14 所示。

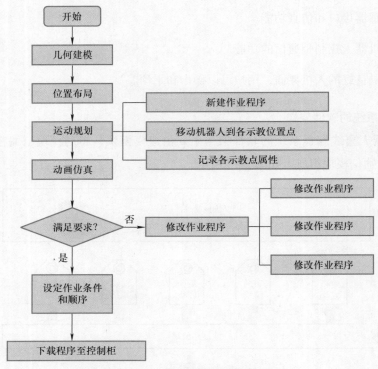

图7-14　机器人离线编程的步骤

例 7-3　要求通过离线方式完成图 7-15 所示工件从 A 点到 B 点的作业编程，各程序点说明见表 7-6。

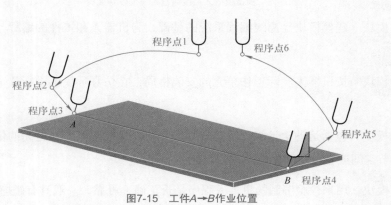

图7-15　工件A→B作业位置

表 7-6　工件 A → B 各程序点位置说明

程序点	说明	程序点	说明	程序点	说明
程序点 1	机器人原点	程序点 3	作业开始点	程序点 5	作业规避点
程序点 2	作业临近点	程序点 4	作业结速点	程序点 6	机器人原点

步骤：

（1）工件及工作台几何建模（见图7-16） 可以使用机器人离线编程软件兼容的三维造型软件构造工件及工作台几何模型。

（2）位置布局（见图7-17） 选择软件内置的配套机器人系统，按照实际的装配和安装情况在仿真环境中进行布局。

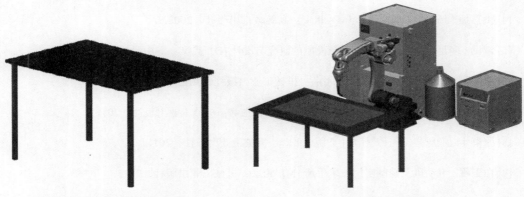

图7-16　工件及工作台几何建模　　　　　图7-17　位置布局

（3）运动规划 新建作业程序，通过鼠标结合软件可视化界面移动机器人到各程序点位置，记录各点坐标及其属性。在保证末端工具作业姿态的前提下，各程序点的选择应避免机器人与工件、夹具、周边设备等发生碰撞。

（4）动画仿真 系统对运动规划的结果是进行三维图形动画仿真，模拟整个作业情况，检查末端工具发生碰撞的可能性及机器人的运动轨迹是否合理，并计算机器人每个工步的操作时间和整个工作过程的循环时间，为离线编程结果的可行性提供参考。

（5）程序生成及传输 作业程序的仿真结果完全达到要求后，将该作业程序转换成机器人的控制程序和数据，并通过通信接口下载到机器人控制柜，驱动实体机器人执行指定的作业。

（6）程序确认 出于安全考虑，离线编程生成的目标作业程序在自动运转前需跟踪试运行。

思考练习题

1. 目前工业机器人常用的编程方法有哪些？每种方法必须要做到哪些内容？

2. 工业机器人按照作业描述水平的高低可分为哪几类机器人？

3. 机器人语言系统包括哪几个操作状态？

4. 机器人语言的基本功能有哪些？

5. 简述工业机器人的示教编程和离线编程的区别。

参 考 文 献

[1] 孙树栋. 工业机器人技术基础 [M]. 西安：西北工业大学出版社，2006.

[2] 李文明. 曲轴搬运机械手的研究与设计 [D]. 武汉：华中科技大学，2010.

[3] John J Craig. 机器人学导论 (原书第 3 版)[M]. 负超，等译. 北京：机械工业出版社，2005.

[4] 洪嘉振，杨长俊. 理论力学 [M]. 北京：高等教育出版社，2008.

[5] 鸿勋. 多足步行机器人机械系统模型的研究与设计 [D]. 武汉：华中科技大学，2004.

[6] 董春利. 机器人应用技术 [M]. 北京：机械工业出版社，2015.

[7] 梁景凯，盖玉先. 机电一体化技术与系统 [M]. 北京：机械工业出版社，2011.

[8] 张群生. 液压与气压传动 [M]. 2 版. 北京：机械工业出版社，2011.

[9] 白玉岷. 电动机及控制实用技术手册 [M]. 北京：机械工业出版社，2015.

[10] 徐德，谭民，李原. 机器人视觉测量与控制 [M]. 2 版. 北京：国防工业出版社，2011.

[11] 高国富，谢少荣，罗均. 机器人传感器及其应用 [M]. 北京：化学工业出版社，2005.

[12] 苏剑波. 机器人无标定手眼协调 [M]. 北京：电子工业出版社，2010.

[13] 蔡自兴. 机器人学基础 [M]. 北京：机械工业出版社，2009.

[14] 韩建海. 工业机器人 [M]. 武汉：华中科技大学出版社，2009.

[15] 王翠婷. 工业机器人驱动和传动系统分析 [J]. 山东工业技术，2016(4)：25.